UN251059

クライアント目線で考える!

建設業のための営業力&プレゼン力向上術

Successful Presentation

作本 義就 著

同友館

はじめに

日本の建設業界は今、景気が良いです。

しかし、バブル経済崩壊以降20年以上も業界自体、景気は低迷していました。

この20数年、多くの建設会社が倒産に至ったかといえば、そうでもなく、他産業に比べると微々たる数字です。

その理由としては、公共工事や銀行からの支援が手厚かったからではないでしょうか。

そういう意味では、建設業界は非常に守られた産業なのです。

ただ、このように国に守られた建設業ですが、今は人材不足で悩まされています。

この前までは人があまっているので、仕事が欲しいと言っていた人たちが大勢いましたが、今は仕事があるが、人がいない状況です。なので、仕事を請けることができない、と断っている営業マンが多いです。

こうなると、営業マンは仕事を取る営業より、断る営業をしなければならないのです。

この状況はずっと続くのでしょうか。

日本は、借金大国で、国債で財政を保っている国です。

そろそろ、国債の返済を国債で返すことに限界が生じ、今までのような予算を組めない時期が来るように思います。

その時、守られていたこの業界の中から、淘汰される企業が増えていくでしょう。

そこで初めて、民間企業への営業を真剣に考えなければならなくなります。

今は、断る営業が多いですが、この時期こそ取る営業を磨かなければならないのです。

錆びた刀では、戦にはなりません。

私はバブル全盛期の１９９１年にゼネコンへ入社し、11年間現場管理者として在籍していました。

その時の経験に磨きをかける為、大学へ編入学し、設計事務所を共同で設立し、今のＡＧＥＣを設立し、11年になります。

その間に、バブル崩壊、阪神淡路大震災、リーマンショック、東日本大震災、東京オリンピック開催決定、という多くの社会・経済の動きがあり、建設業界の浮き沈みも経験しました。

そんな浮き沈みのある景気の中、やはり備えが非常に重要であることを感じています。

次の建設業界の景気衰退はオリンピック前の２０１９年頃と言われています。

その時期を控え、建設会社の営業マンは、刀を研いでおく必要があると思います。

次の景気低迷へ向けて、生き残るための強い企業を作るためにも、この本を参考にしていただければと思います。

◉目 次

第2章 コンペの負けは大きなコストロス～プレゼン準備編……23

第3章

第4章 プレゼンに勝つチームをつくる

第5章

第1章

建設会社はもっと営業力を上げよ

営業力に欠ける建設会社が生き残れるか？

いま、建設会社で働く皆さんは、将来の仕事にどんな展望を抱いていらっしゃるでしょうか？

近年では東京オリンピックに向けて、建設のラッシュが続いています。２０１０年に最低だった建設投資額は、２０１７年現在までに15パーセントくらい上昇しました。世間的に建設業界は、〝景気のいい業界〟というイメージを持たれているでしょう。

しかしその間、建設業者は６パーセントくらい減少しています。

大手ゼネコンにいて、仕事はコンスタントに入っているように見える。でも、なぜか将来を考えると、この調子でずっとうまくいくように思えない。どうしても先行きが不安になることがある・・・。

そんな方は案外と多いのではないでしょうか？

なぜ不安になってしまうのか？

それはゼネコンを含めた多くの建設会社が、ほとんど自分たちの力で、積極的に仕事をとれていないからではないでしょうか。

2016年のデータで、許可を受けている建設会社というのは、全国に47万社くらいあります。そのうち1億円以上の資本金がある会社は、ほんの1パーセント。これが「ゼネコン」といわれる企業です。

ゼネコンには1兆円を超える売上を誇る会社もありますが、その売上の20〜40パーセントは、ほとんど営業をかけずにとっている仕事。その内訳も、ほとんど公共工事でしょう。

たとえばプレハブ住宅から出発した、大和ハウス工業という会社があります。基本は住宅メーカーであり、純粋な建設会社ではありませんが、それでも建設部門で1兆6000億円というスーパーゼネコンに匹敵する売上を稼いでいるのです。

そして大和ハウス工業のこの売上は、プレゼンからお客様との交渉まで、全国どこであっても、ほぼ1人ひとりの営業マンが責任をもって営業することで稼いでいます。

はたしてゼネコンに、そこまでの営業力を持った営業マンが存在するでしょうか？


いまは確かに国の政策で、公共工事のラッシュは続いています。

しかし、こうした波はいつしか終わるのです。そして多くの企業が、グローバル化、ＩＴ化、ＡＩ化という新しい動きの中で、限りあるパイを奪い合う、激烈な競争時代は確実にやってきます。

そのことは、どの業界も同じ。自動車にしろ、コンピュータ産業にしろ、コンビニや外食にせよ、多くの会社が個々人の営業力を強化することで、変化する時代の波を乗り越えようと努力しているわけです。

しかしほぼ建設業界だけは、自動的に仕事がやってくる仕組みから、営業能力を強化することを怠ってきました。

はたして、どれだけの建設会社が、これから生き残っていけるでしょう？

本書はそんな不安を持っている方々に対し、新しい営業のあり方を提案したいのです。

「コンストラクション・マネジメント」がプレゼンに入る意味

私自身も、じつは建設会社の営業に限界を感じ、「このままではいけない」と考えた人間の1人です。

建設会社の営業のあり方を根本から変えようと、大手ゼネコンから独立し、欧米では当たり前であっても日本では珍しい「コンストラクション・マネジメント」という業務を担う、AGECという会社を立ち上げました。

民間の仕事をとる営業といえば、建設会社で大きいのは、なんといっても「プレゼン」であることは、皆さんよく承知しているでしょう。

私たちはプレゼンのとき、発注者側と建設会社の温度差を埋める仕事を主に行なっています。

そんなふうに外部の人間がお客様の意見を聞き、それをもって建設会社に意向を伝えたりする。あるいはプレゼンをする際に外部のアドバイザーが入り、クライアントに内容を解説したり、代行して質問をしたり、何やらヒソヒソと相談をしているような場面に面した経験のある方は少ないでしょう。

それもそのはずで、私たちのようなコンストラクション・マネジメントをしている会社は、まだまだ日本ではごく少数。それが活用される現場というのも、全体の１パーセント程度しかありません。

ただ、成功例が増えていることを考えれば、これからますます需要は高まっていくと考えられます。

というのも、まず建設会社のプレゼン内容は、ほとんどお客様に伝わっていません。それもそのはずで、まず設計側が出す図面はお客様にわからない。言っている言葉も難解で、ほとんど理解できない。聞いたことのない名称と数値だけをずらずら並べられ、なんとなくイメージと値段、そして会社の知名度から、「まあ、これにしておくか」と建設業者を選んでしまうことがほとんどになっています。

当然ながら、あとで「こんなはずじゃなかった」という問題が起こることは、頻繁にあります。

しかしながら相手は経験のある専門の建設会社で、お客様は建設の素人。実際に多くの現場を経験しているわけではありません。

だから「自分の頭に思い描いたものと、実際に出来上がるものが違うのは当たり前だよな」「建物を建てるって、こういうものなんだな」と、あきらめて納得してしまうことがほとんどになります。


しかしながら、実際、ほとんどの建設会社は、お客様が心に描いている望み通りの建物を、建てるだけの能力を持っています。

問題は、建物を建てるプロジェクトにおいて、お客様がその要望を設計側に伝えるのは難しいのです。

たとえば、お客様が工場を立て直す際に「広いスペースが欲しい」と言ったとしましょう。それは現在の作業環境を狭いように感じていて、新しくつくる工場は現在よりもゆとりをもって、快適に作業ができるスペースを望んでいる場合が主になります。ところが設計する側は、単純に「面積が広くなるように」という数値で考える。すると土地を有効に活用して、より敷地面積の広い建物をデザインしようとするでしょう。「同じではないか」と思うでしょうが、結果的に土地に合わせた段差があったり、柱や構造の工夫をすることで、「面積は広くなっているけれど、内部のスペースは前より狭く感じられる建物」が設計されることも少なくないのです。

出来上がってしまえば当然、それはお客様の不満につながりますから、「二度とこの会社には頼みたくないな」という印象になってしまいます。

逆にプレゼンのときにお客様が察すれば、他社と比較の結果、当然「選ばれない」可能性は高くなります。私たちのようなコンストラクション・マネジメントが入ることは、建設会社にとっても、お客様の側にとっても、ムダや失望、失敗を防ぐために効果的なのです。

建設会社の営業に必要な力とは？

述べたように、コンストラクション・マネジメントが求められるようになった背景は、建設会社に「お客様に伝える力」と「お客様の要望を聞く力」が欠けていることに端を発しています。

逆にいえば、「お客様に伝える力」と「お客様の要望を聞く力」を身につけさえすれば、お客様の心に突き刺さるプレゼンをして仕事をとり、最終的にはお客様に喜ばれるような工事を完成させ、次の発注につなげることもできるわけです。もはや私たちのようなコンストラクション・マネジメントが、介入する余地もありません。

では、誰がこの「お客様に伝える力」と「お客様の要望を聞く力」を磨くべきかといえば、軸となるのは建設会社の所属する「営業マン」だと私は思います。便宜上「営業マン」という言葉を使いましたが、その中には女性の営業社員も含まれます。

考えてみれば、「お客様に伝える力」「お客様の要望を聞く力」は、建設以外の業界では、営業に属する人間がこぞって身につけようとしているビジネススキルです。

たとえば書店のビジネスコーナーに行けば、営業向けに「伝える力」や「聞く力」などのコミュケーション能力を説くハウツー本がずらりと並んでいます。研修やセミナーも多く開催されていますし、これまでに本を読んだり、セミナーに参加した方も大勢いらっしゃることでしょう。

ところが、こと建設業界に限っていえば、どんなにコミュニケーションを勉強しても、スキルがなかなか機能しません。それは私たちの業界の、特殊な構造が理由になっているように思います。

なぜならプレゼンを考えたとき、そこでお客様に提案するのは営業マンの役目ではなく、設計部や外部の設計事務所に所属する、設計者や建築家の役割になります。

営業マンは仮にアイデアを持っていたとしても「部外者だから」と任せきりにしていることが多いし、仮に口をはさむようなものなら、「わからない人間は黙っていろ」とプライドの高い設計者にクギを刺されてしまうかもしれません。

また仕事が受注され、実際の工事が始まっても、営業マンはほとんどそれに関与しないことが多くなります。

お客様とやりとりし、現場でその要望を反映していくのは、建築部に属する現場監督の仕事。多くのゼネコン企業の場合、アフターマーケティングをして次の受注をとり、お客様をリピーターにしていくのも、現場監督が担っているケースが多くなっているのです。

その中で担当の営業マンはといえば、「あの人はなんて名前でしたっけ?」と、すっかり忘れられていることも多くなります。

営業マン自身も、「工事が始まってしまえば、もう自分の役割は終わり」と認識してしまっている方が多いのではないでしょうか？

こうした「建設会社の常識」を突破して、民間の仕事を大量に受注しているハウスメーカーも世にはあります。それは常に営業マンがプロジェクトの中心となり、お客様の要望を聞き、信頼されるようになるから可能になることです。

一方で現状、大手ゼネコンの営業の仕事といえば、お得意さんを接待したり、御用聞きをしたりという、まるで20世紀そのままのスタイルが多くなっています。

それで成り立っているのは、ときには40パーセントを占める公共事業がコンスタントに入ってくるから。そんな時代がこれからも永遠と続く保証などはありません。実際、90年代には日本の長期低迷にともない、多くのゼネコン企業が淘汰されていきました。

しかし変化の時代は、チャンスの時代でもあります。

本書で私が提案したいのは、営業が主体となってその体質を変革し、建設会社の仕事のあり方を根本的に変えることです。

いよいよ陰になっていた営業マンが仕事の主役となり、技術者とお客様の中間で、仕事をプロデュースする立場へと昇格するべき時代が来ています。これは営業マン自身にとっても、その立場を大きく飛躍させ、仕事を限りなく面白いものにしていくことになるでしょう。

これからの営業に必要なのは「プロデューサー」の能力

ゼネコンのような建設会社組織を考えた場合、営業マンというのは必ずしも力を持った存在ではありません。やはり技術主体の企業ですから、建設部や設計部が権限を発揮することになるでしょう。営業のトップにも、現場上がりの人間が就任することが多くなっているようです。

しかしながら、現状でもお客様の側に立つことで、いくらでもその業務を改善することはできます。

具体的に本書で提案していきたいのは、次のような事柄です。

・お客様の要望をどのように設計に反映してもらうか
・お客様の印象に残るプレゼン資料を、どのように用意するか
・プレゼンにおいて、専門家である設計者や技術者の言葉を、どのようにお客様がわかる言葉に翻訳していくか
・工事が終わるまで、お客様に対してどのようにフォローをしていくか
・設計者や現場監督のような技術畑の人々を、どのように営業マンがコントロールし、強いチーム体制をつくるか
・工事が終わったあともお客様との信頼関係を維持し、その関係を次の仕事につなげていくには何をすればいいか

とくにプレゼンにおいては、設計者が自らの知恵を総動員した大がかりな資料が用意されるため、営業の一存でそれを改変するのは難しいかもしれません。

しかし私のようにお客様の立場で相談を聞けば、明らかに「この形ならば、プレゼンに通りやすいな」というツボを押さえた資料というのは存在します。

大切なことは設計者や現場の人間など、技術部門に属する人々と本書のノウハウを共有し、ともに協力しながら、お客様の要望にフィットしたプレゼンを実現することなのです。それは当然、営業努力によって可能になることでしょう。

そしてもちろん、設計部の方や建築部の方など、技術側で仕事をしている人にとっても、本書は大いに活用できるものです。

実際、お客様と建設会社の営業マンが上手にコミュニケーションをとれれば、無理だと思っていたような仕事が、両者納得のうえで成立することは度々あります。

たとえば岩手の工場の事例です。クライアントのお客様はプレゼンしてもらった建設会社の提案を非常に評価していたのですが、いかんせんゴーサインを出せない問題がありました。それは予算の問題です。

当初、その会社が工場建設に計上した予算は、13億円。ところが東日本の震災があり、建設にかかるお金が高騰します。その後に出された予算は17億、我々が入る前に依頼した設計事務所が提示した額は21億円です。これではどうにもなりません。

仕方ない。別の会社に頼むか?

建設会社が予算内で見積りしてくれるか?

それとも最初から仕切り直すか?

しかしお客様のほうは、設計のプランをとても気に入っているのです。「ならば私のほうで予算内でできる施工会社を見つけるので、そこに入札してもらい、落札した会社で工事をお願いしてはどうか」と提案しました。

結果、予算近くで落札した建設会社が、安くて品質のいい施工会社を使うことで、クライアントと建設会社双方が利益を出せる形で仕事が成立したわけです。建設会社にとってみれば、外部の設計事務所や社内設計部に依頼する予算もムダになりませんでしたから、渡りに船のような状況だったでしょう。

このからくりは、クライアントの要望をしっかりつかみ、ムダをなくした自社の工法を採用したからです。私たちがコンストラクション・マネジメントとして仲介に入った例ですが、営業マンがきちんとお客様の要望を聞ければ、実現できるようなことだと思います。

決して難しいことではありません。

「いままでやってきたこのやり方しかないんだ」という固定観念を外せば、いくらでも営業マンは、プロデューサーの役割を果たせるのです。

なぜ私がコンストラクション・マネジメントの仕事を選んだのか？

AGECを立ち上げる前、もともとは私もスーパーゼネコンで働いていました。建設部で30歳になる前から現場所長となり、たくさんの現場を経験しています。

技術上がりの人間ですが、私はむしろ営業が好きな人間だったのです。どこの現場を任されても決まってお客様側の担当者と仲良くなり、さまざまな問題を胸を割って話し合いました。

ゼネコン時代、最後に私が携わったのは病院の仕事です。

そのときも私は病院の理事長さんと仲良くなり、工期の間にいろんな話をしています。病院も予算に限度があり、工事に関してはさまざまな無理をしていました。塗装剤に安いものを使ったり、ユニットバスのような設備のグレードを落としたりと、コストを落とすための工夫はしたのですが、それでも限界はあります。

設計事務所が力を持っていた現場で融通も効かず、値段は上乗せされるのに、要望からは遠ざかってしまう……という、お客様にはとても申し訳ない状態になっていたのです。

ゼネコンで仕事をしてきて、こうしたお客様の要望に応えられない不満は、ずっと感じていました。

その一方で、アメリカとかヨーロッパで主流になっている、コンストラクション・マネジメントという仕事には魅力を感じていました。「こっちのほうが、いいんやないか」と本気で思うようになっていたのです。

海外でコンストラクション・マネジメントが重視されるのは、日本との仕組みの違いが大きな理由にあります。というのも、海外では最初の契約がすべてであり、建設会社も契約で決めたことしかしません。だからお金が尽きたらそこまでで、最後まで完成しない建物が多くなります。

したがって計画通りに建設が進むよう、何をどこの会社に頼むかという、最初のコーディネイトが非常に重要になるわけです。

ところが日本では「ランプサム方式」といって、契約したらその値段で、最後まで建物をつくらなければならない仕組みになっています。

一見これは、お客様にとっては完成が保証され、有利になっているようにも見えます。

しかし建設会社のほうも損失を恐れるため、最初の時点で何にどれくらいのお金がかかるかとか、どの部分にどれだけのコストをかけるかを、ハッキリさせないケースが多いのです。公共工事などは、「出来上がったら費用が倍になっていた」などという話もよく聞きますが、民間工事では「出来上がったら、発注業者がいなくなっていた」ということも、かつてはよくありました。

だから、お客様のイメージしたものと違うものが建てられることもあるのですが、工事を始めてしまう以上、もう言いなりになるしかありません。建設会社のほうも、相手がどう思うにせよ、決まった以上突き進むしかない。

非常に見通しが不明瞭なまま、「建物を建てる」という1つの夢を実現させるような大きなプロジェクトが進んでいく状態になっているのです。

私はこうした状況を「変えたい」と思いました。

ゼネコン時代の最後のお客様となった、病院の理事長さんにも相談しました。

「そういう仕事は面白いですよね。作本さんが独立したあとだったら、この病院ももっと理想通りのものにできたかもしれませんね」

理事長さんも、そう言ってくださいます。

当初の予定では留学して海外の現場で学ぶつもりでしたが、テロなどもあり、それは断念。日本でマネジメントだけ学んだのですが、すぐ仕事の依頼も殺到することになり、実践のほうが先になってしまいました。

2006年の創業から、大手企業を中心としたお客様に依頼され、物件数は大小含めると100を超えています。いずれも工場や倉庫など大型のプロジェクトで、海外の物件も含まれます。

いずれの現場でも、お客様も建設会社も喜び、お互いが満足できる仕事が完遂できたと自負しています。談合もなく、接待もなく、純粋に「建てたい側」と「建てる側」がビジネスとして手を組むことで、この満足感は実現できるのです。

それはたとえば、誰かが本を書き、読んだ人がそれに感動し、出した出版社も多くの利益を出すといったことと同じでしょう。純粋に仕事をして、それに関わったすべての人を喜ばす感動を、建設会社の人間だって普通に味わえるはずなのです。これからお届けしたいのは、そのためのハウツーに他なりません。

そこでまずは建設会社のプレゼンから、どのようにそれを実現するか考えていきましょう。

第2章

コンペの負けは大きなコストロス
～プレゼン準備編

なぜ有力な企業が、コンペの予算をムダにしてしまうのか？

民間企業から仕事を受注する場合、建設会社はまずコンペに勝たなくてはいけません。そのために必要なのはプレゼンです。

ご存じの通り、この〝プレゼン〟に建設会社は多額の投資をしています。設計図をつくり、想像図をつくり、資料をつくり……と。

場合によっては外部の設計事務所に頼んだりして、何百万円のコスト、案件によっては何千万円というコストになるわけです。

それで勝てなかったら、すべての投資がムダになるのですから、これほどのコストロスはありませんね。

私たちのようなコンストラクション・マネジメントが重宝されるのは、1つにこのコストロスがあるからです。

つまり私たちはお客様の要望を聞き、それを建築業者の視点で、建設会社に伝達します。すると設計者の側も、「こういう建物を望んでいるんだな」と把握できます。

もちろん同条件で競うライバルがいる以上、必ずコンペに勝てるわけではありませんが、少なくともお客様の要望を大外しすることはなくなります。回を重ねることで、かなりのコストロスにもなっていくでしょう。

では、私たちが仲介しない場合はどうかといえば、実際に「お客様の要望がつかめていない」まま進むプレゼンが多いのです。とくに民間企業からの仕事をなかなか受注できないところは、相手のニーズをつかむことで空回りばかりしています。

もちろん、お客様は最初の時点で要望を出します。

それは「設定予算」だったり、「最低限のグレード」だったり、「面積」や「収容人数」だったりという具合でしょう。

では、その条件を満たしたものをつくればお客様のニーズに応えられるかといえば、それはまったく違います。

お客様が「設定予算をいくらで」と希望するのは、「その金額でできるものを」ということでなく、「できるだけお金をかけたくない」という希望。

「このグレードで」というのは、「見映えのいいものがほしい」という曖昧な気持ち。

「面積」は、つまり「広々としたスペースが欲しい」ということかもしれないし、「収容人数」は「たくさんの人に働いてもらいたい」という雇用計画まで含めた展望かもしれないのです。

その「感情」を読まず、数値だけで設計をすると、まったくニーズに応えない提案をしてしまうことにもなります。

実際、建設会社の「勝てないプレゼン」は、それをやってしまっていることが非常に多いのです。

建設会社がプレゼンに失敗する4つの要因

私はこれまで、お客様の側でいくつものコンペに関わり、それこそ売上が兆を超えるスーパーゼネコン企業すら、プレゼンで失敗するのを何度も見てきました。

どうして有名な建設会社も、プレゼンに失敗してしまうのか？

これには4つの要素があるように思います。

「企画」「価格」「信用力」「人」の4つ。それぞれについて見ていきましょう。

勝てないプレゼン① 企画設計の失敗

「どんな建物をつくるか」という提案、これにはデザインの部分と空調やエネルギー効率なども含めた機能的な部分がありますが、合わせて建設会社では「企画設計」の提案になります。

設計は当然ながらプレゼンの一番重要な部分です。外装においても、設備設計においても、会社は優秀な設計者を抱え、また外部の優秀な人材も広く活用していることはご承知の通りです。

しかしながら、優秀な設計が、お客様の要望を外してしまうことはよくあります。なぜかといえば、正確に要望を伝えること自体が、建設の素人である人間には難しいのです。先に述べたように「どれくらいの面積がいるのか」とか、「どれくらいの重量がいるのか」とか、「何人くらいが働くのか」など伝えるべき情報はいくつかありますが、設計者が情報をどのように判断するかは、建設に対する知識がないとよくわからないのです。だから多くのコンペにおいて、お客様が出している条件は同じなのに、出てくる設計の中身はバラバラになります。

そもそも日本の建築では、設計者が無理な図面をつくったとしても、最終的に問題が起こったら、建設施工者が責任を取る仕組みになっています。設計事務所などは財力がないからそれも仕方がないのですが、それが当たり前になった日本のコンペでは、ほとんどデザインコンクールのように、設計者が自分のつくりたいプランを一方的に提示することが多いのです。

すると当然ながら、「私たちはそんな建物をつくりたくない」と、お客様から却下されてしまう可能性も出てきます。

勝てないプレゼン② 価格の見積りの見当違い

プレゼンで失敗する要因の2番目は、あまりにも建設者側が提示する値段が高すぎてしまうケースです。

先に述べたように、日本のコンペでは設計者が自分のつくりたいプランを、一方的に提示することが多い。だとすると、お客様が想定もしなかったほどの値段が示され、その場で凍り付いてしまうことだって出てきます。

もちろん、最初から「かけられるコストはいくらまで」と決められていれば、本来は想定を超えるほどの金額が提案されることなどあってはなりません。

しかし日本のコンペでは、「希望価格」という形で、値段の枠が曖昧になっていることが多いのです。というのも、建築というのは鉄骨やコンクリートといった当たり前のものにせよ、一般の人が普通に購入することのないもので施工されます。
だから普通のお客様は、希望するような建物をつくるとして、一体どれくらいのコストがかかるか、まったく検討もつかないのです。そこで「いくらまで」と金額の制限を設けてしまえば、提案の枠がせばまって、つまらない案ばかり出てくるのではないかという危惧が出てくるでしょう。

加えて建設の世界は、そもそもが10億円単位、100億円単位のお金で発注が行なわれる、大規模投資が当然の世界なのです。だから「希望価格が100億円」といった場合、〝少しそれを超える〟として、超える〝少しの額〟が10億円になるか、50億円になるか、100億円超えて倍になっても許されるのかは、設計者の判断次第になってしまいます。

だから1つのコンペで、A社が70億円のプランを持ってきたのに対し、B社が120億円のプランを持ってくるようなことが、いくらでも起こります。このときもしお客様が、「提示した50億円以上の額はどうしたって出ないんですよ」という状況であれば、最初からどの案も的外れということになってしまうわけです。

量販店で1万円で買えるテレビを買いにきたお客様に、30万円の4Kハイビジョンを勧めたって、買うわけがありません。

これは当然のことなのですが、なぜか建設のコンペでは、わざわざお金をかけて、そんなバカげたことをしてしまうことがあります。

勝てないプレゼン③ 会社が信用できない

プレゼンで失敗する3つ目の要因は、お客様からの信用が獲得できない、というケースです。

人がモノを買うのに、一番大切な要因は、一体何だと思いますか？

会社の知名度やブランド力・・・もちろんそれも重要ですが、その前にもっと重要なことがあります。

それは、欲しい商品がそこに歴然と存在している、ということ。

いくらベンツの自動車でも、どんな車かわからないのに、「いい車です」と言われて購入する人はいません。商品を見て、多くの人はちゃんと試乗して、「では、これにしよう」と決めるわけです。

ソニーを愛する人でも、「なんでもいいから商品をくれ」という人はいません。お店に行き、「なるほどこういう商品なんだ」「これは欲しいな」と、購買意欲をそそられてから、それを買う決定をします。

ところが建築物というのは、建てる前の、まだそれが世の中に存在していない段階で購入を決めるわけです。頼りになるのは、設計者が用意する図面と、プレゼンを担当する人々の言葉のみになります。

ですから他のあらゆる商品以上に、「どれだけお客様に信用してもらえるような言葉を発するか」は重要なのです。

ところがプレゼンをする人間はその重要性に気づかず、お客様に通じない言葉ばかりで説明をしています。お客様が質問をすれば、「なんでそんなこともわからないの？」とばかりに、また通じない言葉で応答をする・・・。

これではお客様も、何十億円のお金を任せようとは考えません。


商品が目の前に存在しないプレゼンで、いかに信用をつかむかはコミュニケーション力を強化するしかありません。ところが現状で建設会社のプレゼンは、コミュニケーション力をまったく鍛えてこなかった設計や建築の技術者たちが主体になっています。

この状況を変えない限り、なかなかお客様の信用を得ることは難しいでしょう。

また信用度には、実績も存在します。

たとえば工場の建設を望むようなお客様の場合、「うちらの会社は、こんな素晴らしいものを建てさせていただくことができました」と、見事な建造物の写真でも見せ、ここではこんな苦労と成功を生むことができましたと例をあげれば、一発でお客様からの信用度は跳ね上がるでしょう。

一般の業界で考えれば、そうした実績をアピールするのは当然です。ところがこれをプレゼンで紹介する建設会社は少ないのです。

そんなところも、建設業界が意識変革しなければならない部分になります。

勝てないプレゼン④ 営業の担当者が信用できない

プレゼンで失敗する要因の最後は、営業担当者の人格です。

これは先の信頼度の問題を考えれば、重要性がよくわかるでしょう。「まだそれが世の中に存在していない段階で購入を決める」世界ですから、当然、仕事をする相手側が信頼できるかどうかは、重要な要素になります。

そう言うと、「自分は誠意をもってお客様に当たることだけはしている」とか、「お客様をダマすことなど考えていない」と、自分とは異なった悪意のある営業マンのケースを想定する方もいるでしょう。

もちろんそうした悪意ある営業マンは論外ですが、そうでなくても知らず知らずに、お客様を裏切ってしまっているようなケースが建設のプレゼンにはあるのです。

それは「建設におけるコンペ」という特別な状況に起因します。お客様にとって営業担当者は窓口であり、最初に話をする相手ですから、一番頼りにするし、提案の取りまとめも期待しています。

ところが述べたように、多くの営業マンは、プレゼン内容を設計者にゆだねてしまうことが多いのです。

お客様の要望は伝えるかもしれませんが、あくまで設計に関しては建築家や設計者がプロですから口は挟まない。そもそも営業担当者の立場も、設計部に対してあまり強くありません。

するとお客様からすれば、「営業担当者にあれだけ要望を伝えたのに、設計案では完全に無視されてしまった」ということになり、不信感を募らせてしまうことになるわけです。

営業担当者がお客様の要望を設計者に伝えられないのには、立場が弱いだけでなく、建設の知識が弱いということも時々あります。

確かに建設会社の営業マンには、文系出身者の方も多くいらっしゃるでしょう。だとしても営業を担う以上、技術者並の専門性を持てとは言いませんが、設計者と対等に話をするくらいの知識はやはり身につけておきたいものです。このことはまた、後の章でもふれることになります。

「勝てないプレゼン」を「勝てるプレゼン」にする

プレゼンで失敗する要因を4つ説明しましたが、これをすべて克服すれば、「勝つプレゼン」になります。具体的な方法は次章でも詳細に説明しますが、先にそのポイントを述べておきましょう。

勝てるプレゼン① お客様に一目でわかる資料をつくる

プレゼンにおいて企画設計で失敗してしまうのは、1つにお客様の要望に応えていない点。もう1つに、お客様の要望に応えても、そのことをお客様に伝えられていない点があります。

前者の問題は、建設会社の営業マンがお客様と設計者の橋渡しとなり、その要望を汲み取らせるようなマネジメントを行なっていく必要があります。

それは私たちの会社が行なっているような役割を営業マン自身が担うことになりますが、不可能なことではありません。それは次章以下で詳しく述べていきましょう。

次の「お客様に伝わるようにする」という点は、プレゼン方法を変えることで、簡単にカバーできます。つまりプレゼンのやり方にしても、使う資料にしても、現状で建設会社が行なっていることは、素人のお客様にとって〝難しすぎる〟のです。

「わかりやすいプレゼンを導入する」ということで、一気にお客様の信頼を勝ち取れるようになります。

具体的な方法は次章で述べますが、たとえばパワーポイントで見せるような資料をとってみれば、次のような工夫が考えられるでしょう。

・お客様が一目でわかるビジュアルにする
・文字量は極端なくらいに減らす
・うったえたいポイントがすぐわかるようにする
・難しい言葉は使わない
・資料自体を凝縮し、短いものにする
・大事なことが印象に強く残るようにする

・動画や3Dなど、最先端の技術で補足する

ハウスメーカーの場合、お客様は個人。つまり主婦の方などを含め、まったく建設に関して理解のない人々を説得しなければ、契約がとれません。だから多くの会社では、それこそ〝子どもでもわかるようなプレゼン方法〟をさまざまに工夫しています。

工場や倉庫といった設備投資の建築の場合、相手は役員さんだったり、現場責任者だったりして、確かに通常の人よりは経験も積んでいる層。けれども日進月歩する建設の技術がわからないことにおいては、素人同然なのです。

かえって「あれのことだろうな」と勝手な解釈をする可能性があるぶん、誤解が生まれやすく、危険な側面さえあります。

だから「わかりやすい資料をつくること」は、プレゼンの大前提なのです。

しかもコンペは比較ですから、「わかりやすい資料を提示する会社」と「何を提示しいるかわからない会社」では雲泥の差がついてしまうのです。次章では具体的な事

例を提示しながら、わかりやすい資料のつくり方を説明していきます。

勝てるプレゼン② 納得できる価格提示をする

次は値段です。

お客様がそもそも希望している予算はどれくらいなのか？　これは営業マンがきちんと確認をし、設計者とも事前に打ち合わせしておかなければなりません。

そのほかにも値段に関しては、建設会社の信頼性をアピールする、重要な意味合いがあります。

プレゼンを経験している方はよくご存じでしょうが、そもそも建設会社の最初の積算は、ある程度カンのところがあります。だから「この建物はいくらです」と、大雑把で曖昧に書かれていることが多いのですが、それではお客様も、何にどれだけのお金がかかるかよくわかりません。

もちろん、大雑把に積算しておいたほうが、あとで外注業者を考えたり、安い建築資材を使うことで調整できるメリットはあります。ただ逆に言うと、お客様からすれば「その部分で手抜きをされるのではないか」という不信感にもつながるわけです。ただでさえ欠陥工事であったり、悪質業者のトラブルが耐えない現状もあります。よって「どんな建築資材にどれくらい」「どんな工事にどれくらい」と、最初の時点で具体的な金額を出してきた企業のほうが、信頼されることは確かでしょう。

これもお客様の側に立ってみることで、はじめてわかる問題なのです。

勝てるプレゼン③ 自分たちにできることを誠実にやる

すでに述べたように、日本ではランプサム方式というやり方がとられ、一度契約したら、最後まで工事を保証しなければならない約束になっています。

工期も同じで、「いつまでに建てる」と約束したら、その期限までに何が何でも完成させなければならないのが、民間工事では約束になっています。ずるずると遅れるのは、それこそ公共工事くらいでしょう。

しかし現実的には、予想以上に時間がかかってしまったり、思いのほかお金がかかってしまうことはいくらでもあるわけです。とくに地元の会社で、規模もそれほど大きくない会社が工事を引き受けた場合は、そうした計算外も多くなります。

そこで日本では、うまくいかなった場合に、ゼネコン同士が保証人になる制度が出来上がっているわけです。

つまり間に合いそうになかったり、あるいは予算がオーバーしてギブアップしたら、その請負会社に変わって、他社が助っ人に入ってくれるということ。ホンダの車が故障したら、トヨタが保証してくれるようなものでおかしいのですが、建設業界ではこれが当たり前のように慣例になっています。

すると、「最後にダメでも他社が助けてくれる」ということで、なかには最初から無理そうであったり、身の丈に合わないような仕事を、売上が大きいからと平気で受注しようとする建設会社も現れるわけです。

その結果、できるはずのないプランが横行し、建設会社の信頼度がますます下がっていきます。

じつは私の知っている例でも、途中で頓挫してしまった建設というのは、いくつかあります。

なかには年間の売上を超えるような巨大なプロジェクトをプレゼンで勝ち取ってしまい、すべての労働力をそこに集中させることになった会社もありました。有名な電気メーカーの仕事だから安心と思っていたら、その会社は海外企業に買収されることになり、計画は頓挫。引き受けていた建設会社も、あやうく倒産の危機を迎えました。

ようするに信頼を獲得するには、きちんと自分たちにできることに合わせた仕事をアピールするということです。

身の丈に合った仕事を選ぶのが基本。「身の丈」とは、だいたい売上高の10分の1が目安でしょう。たとえば年間売上高が15億円の会社なら、1．5億以上の仕事がきても、断らなければいけません。

逆に「できること」であれば、どんどんアピールするべきです。過去の実績もそうだし、新しく開発した最新技術もそう。

実際、関係なさそうなことでも、「自分たちにできる新しいこと」をアピールした結果、プレゼンの勝利につながった例もあります。環境への取り組みなどはその際たるものになりますが、具体的には次章で詳しく説明しましょう。

勝てるプレゼン④ 営業マンがマネジャーになる

失敗するプレゼンの４番目にあげたのは、営業マン個人の信用性の問題でした。その問題を解決する方法は、たった１つ。すなわち営業マンが、信用力のある人間になるしかありません。

ところがこれは、個々人がメンタルチェンジすれば改善されるほど、簡単な問題ではないのです。古くから続いてきて、数々の失敗を経てもいまなお続いている、建設業界の体質のようなものが深く根付いています。

たとえば他の業界の営業マンとゼネコンの営業マンを比較すると、すぐに感じてしまうのは、ゼネコンの営業マンが高圧的なことです。意固地で融通がきかないし、自分の意見を押し通そうとしてしまう。最初に約束した方針が変更されることになっても、それをごく当然のように、悪びれるそぶりもなくお客様に要求することもあります。

そうなってしまうのは、やはりお客様との距離が遠いことが原因なのです。

とくにゼネコンの営業マンは、仕事をとってしまえば、もう現場にいかないケースが多いです。施工が始まってしまえば現場監督任せ、プレゼンもコンペ参加が決まれば設計任せですから、お客様と会社の連絡になるだけで、「相手のために」という意識が少なくなります。だから会社の意向を、そのまま伝えるだけの立場になりがちです。

これがハウスメーカーのような会社だと、施工が終わったあとの定例会に営業マンがやってくるし、点検だとか、そうでなくても「近くに来たから様子を伺いに行きます」という具合に、引っ切りなしに個々がアフターフォローをやっているわけです。

必然的に、お客様との関係が密接になることが想像されます。

実を言うと、私自身も現在は、着工したあとでクライアントさんの会社の定例会には、毎月のように参加しているのです。その場で人間関係づくりはできるし、情報交換も行なわれます。そこで「東北地方に倉庫をつくる予定だ」とか、「海外に工場をつくることになりそうですよ」といった、次の仕事につながる有力な情報を教えられることも少なくないのです。

信用力というのは、小手先のテクニックで得られるような簡単なものではありません。未来を見据えた長期的な視点で、お客様とウィン-ウィンの関係をつくらなければ、いまのグローバル時代には培われないものだと思います。

建設会社の営業マンは、この点でまだ、旧体制のままの思考から抜け出せていないことが多いのです。

どんなふうに建設会社の営業はマインドスイッチするか？

「事業を通じて人を育てる」

この言葉は、前に紹介した大和ハウス工業の創業者、石橋信夫さんが、会社の社是の先頭に掲げているメッセージです。

石橋さんは戦後、シベリア抑留の苦難まで経験された方ですが、焼け野原になった日本を再生しようと会社を立ち上げました。でも、最重要なのは「建物でなく人間だ」ということを最初から認識していたわけです。

しかし現在の建設会社の仕事の仕方は、「建物を建てること」にばかり重きを置き、それを使うユーザーへの心をなおざりにしている気がします。

設計、構造、設備、それに建築…と、建設会社の仕事で主役になる仕事は、すべて技術系の仕事であり、コンクリートや鉄筋、図面やパソコンを相手にしている仕事のように見えます。しかし、それらはすべて多額のお金を投資して、出来上がった建物を運用するお客様を喜ばせるためにある仕事です。

プロジェクトに携わる大勢の技術者にそのことを徹底させ、全員の心を1つの目的に向けて一致させていくことこそ、私は営業マンのやるべき仕事だと思っています。

その点ではまさに、1つのプロジェクトの中で営業マンは、経営者の役割を果たさねばならないのです。

ならば「事業を通じて人を育てる」という言葉を実践して、営業マンはあらゆる技術系の人間がお客様を喜ばす仕事ができるよう、チームを育て、プロジェクトを成功させることに邁進しなければなりません。

次章で詳細に述べていくプレゼンにしても同様です。

おそらく営業マンは、プレゼンにおいて資料をつくらないし、設計にしろ、積算にしろ、専門的な仕事ができる人間に任せるしかないでしょう。

しかし、チームとして営業マンも、設計者や、あるいは設備や構造の人間と一体なのです。少なくともお客様のほうは、そんなふうに建設会社のチームを認識していまず。

ならば「どのようなプレゼンをお客様が望んでいるのか」をしっかり理解し、チームがそんなプレゼンができるよう、最大限の努力をしなければなりません。

プレゼンといえば、テクニックのある者が勝つような印象を持っている人がいるかもしれませんが、あくまで建設業界のコンペは団体戦。

そのなかで営業マンはチームの司令塔となり、勝てる作戦を皆が実行するよう、ゲームをコントロールしていくべきなのです。

第3章

クライアントの心を掴むコンペの極意 ～プレゼン実践編

❶プレゼン資料は「シンプルでわかりやすく」

実際に私が経験したプレゼンで使われた資料を取り上げてみましょう。

大抵のプレゼン内容は、とにかく情報を〝盛り込み過ぎ〟だということです。

プレゼン資料をつくる技術者たちは、とかく多くの情報をお客様に提示したがります。

それは長さや重さなどの数値だけでなく、言葉で書く情報についても同じ。だから本文資料だけでなく、図面も、表も、とかく文字だらけになってしまうわけです。設計、あるいは構造や設備部門の担当者にとってみれば、これも1つのサービス精神なのでしょう。

しかし問題は、お客様がこれらを理解できるかです。

当然ながら、お客様は建築の専門家ではありませんから、理解できる人はほとんどいないと思います。そして仮に理解できたとして、「どの会社を選ぶか？」というコンペの場で、そのことがどれだけ重要な意味を生み出すでしょう?

たとえば一般のプレゼンの入門書である『図解・話さず決めるプレゼン』(天野暢子著、ダイヤモンド社)という本を開くと、成功する資料の条件として、①シンプルであること、②ビジュアルが豊富であること、③カラフルであること、という3ポイントがあげられています。

建設のプレゼンは、あらかじめ参加者を数社に絞り、それぞれ設計者が綿密につくりあげたプランを比較検討するという点で、確かに他の業界で商品やプロジェクトを提案するプレゼンとは少し異なっているかもしれません。

しかし、「お金を出すお客様に対し、仕事をさせて欲しい側が営業提案をする」という点においては、世の中のどんなプレゼンとも異なるものではないのです。お客様に理解できない、難しい資料が効果的であるはずがないでしょう。

まして建設で行なわれるコンペは、各社のプレゼンが1時間。1日4社で2日間にわたる・・・といった非常にハードなものです。

そんな中で全編が膨大な文字や数字の情報ばかり、分量も30ページを超えるような資料を突き詰められても、これは〝しんどい〟だけ。長いものを見せられたうえに、印象に残るものは何もありません。

たとえば広告業界のプレゼンを見れば、言葉はキャッチフレーズだけ。1行でインパクトを与えるようなプレゼンも多くあります。

また現在は出版業界でも、本をより売るために文字数を減らしたり、ページ数を減らすようなことは、当然のように行なわれています。

人気のＩＫＥＡで家具を買うと、まったく文字のない、絵だけの組み立て説明書がついてきます。それで十分、組み立ては可能なのですが、このわかりやすさがあるから、この会社は全世界に進出することができたのでしょう。

建設業界だけが、そんな時代の流れに逆らっているのはおかしな話です。細かい情報は省略し、もっとシンプルに、要点を絞ったコンパクトな資料をまとめて、プレゼンには臨むべきです。

❷伝えたいポイントを絞る

ページ数の多い資料をつくるより、分量の薄い資料をつくるほうが、情報量も少なくて簡単なように思う方もいるでしょう。

しかし実際は「ポイントを絞る」という作業をしなくてはいけないため、思考をこらす必要があって難しいのです。何より「お客様が必要な情報は何か？」を見極め、「一番売りになるポイントが一目でわかるような工夫」を資料にほどこす必要が出てきます。

お客様がコンペにおいて、どんな提案を期待しているのか？

安さなのか？　斬新なデザインなのか？　建物の快適性なのか？　安全への配慮なのか？　耐久性なのか？　環境への配慮なのか？・・・これらは案件によってさまざま。優先順位も、その会社によって異なってきます。

プレゼンにおいて、相手が一番望んでいることが最も理想的な形で叶うことを一発で示してあげる・・・それができれば当然、コンペにおいて勝つ可能性は、極めて高くなるわけです。

しかしそのためには、第一に「相手が一番望んでいることが何か」をつかまなくてはいけません。ここはまさに営業次第で、プレゼンの前にどれだけ情報収集できるかがカギになります。

・公募の内容からわかる情報
・ホームページからわかる会社の情報
・実際にお客様に会って、話を聞いてつかむ情報これらをもとに、「打ち出すべきポイントを3つくらいに絞り込む」ということをすれば、明確なプレゼンはしやすくなります。

さらにせっかくポイントを絞っても、設計者がそれに応えた資料をつくらなければ、情報収集もムダになってしまうでしょう。

この点は、営業が設計側とよく話し合い、必要なら資料を修正させたりして、本番ではお客様に伝わる提案ができるようにしたいものです。

場合によっては、設計側が営業の言うことを聞いてくれないこともあるでしょう。それならば営業が資料の中からポイントを抽出したり、要約した短いペーパー資料をあえて用意したりして、お客様にきちんと要点を伝えることもできるのです。

たとえば我が社が営業するときの例ですが、「お客様の声」として、次のようなポイントを資料に乗せています。

①品　質・・・設計事務所がやや過剰ぎみに設計している内容を合理的な設計に変更し

てくれました

②コスト‥‥事業計画上大きなウェートをしめる建設投資を合理的に10％削減してくれました

③納　期‥‥ゼネコンの提示する納期（工期）を合理的に10％短縮してくれました

つまり「お客様からの声」を借りて、「品質がよくなる」「コストが安くなる」「納期が早くなる」というメリットを一発で伝えているわけです。相手側にとっては、「この会社はこういうことをやってくれるんだな」とわかりやすいでしょう。

こうした資料をはさむだけで、プレゼンの効果は変わってきます。「相手の望みを叶えてあげよう」という視点に立てば、できることはいくらでもあるのです。

❸「他社との違い」を明確に

ここまでのことを踏まえれば、「相手が一番望んでいること」をピンポイントで、明確に打ち出すことができます。

ただ、忘れてならないのは、コンペというのは〝他社との比較〟なのです。

いくらお客様が望んでいることを叶える素晴らしいプランを提案できたとしても、競合会社がもっと魅力的な提案をプレゼンで打ち出してきたら、コンペには負けてしまいます。

もちろん競合相手が何を提示するかはわかりませんから、どんな場合も自分たちのベストを尽くすことに変わりはありません。

しかし、実際は「競合より魅力的な要素」がいくらでもあるのにかかわらず、それを打ち出せないばかりにコンペで負けてしまう例は多いのです。

それを避けるには、「自分たちの特徴がどれだけ抜きん出たものなのか」「自分たちの提案が他社とどれだけ違うのか」を、明確にプレゼン段階でアピールすることです。

たとえば次のA社、B社は、いずれも「価格が安い」ということがうたい文句。皆さんは、どちらを魅力的に感じるでしょう。

A社「当社は様々な知恵を活用し、驚きの低価格に応えます！」
B社「当社は集中購買のシステムを使って下請け企業を選びますので、通常よりコストが10パーセントほど削減できます」

「安くなる」とは言っているものの、A社は実際に何をするのか検討がつかない。

それに対しB社は、仮に「集中購買」というシステムがお客様にとって耳慣れないものだとしても、「他の違うやり方をしているから、他よりも安くなるんだな」と優位性を感じてもらえます。

建設会社からの見積では、なぜこの値段になったのかという理由がわからず、「当社ではこの値段です」ということをよく耳にします。

よく考えれば「差別化」や「優位性」は、多数の中から1つを選ぶときの選択要因なのです。ベンツにしろ、i-Phoneにしろ、違いを明確に打ち出したことでブランドの優位性を保っているわけです。

なのに建設業界のプレゼンでは、意外と「他所との違い」をアピールする会社が少なくなります。「お客様任せ」はいいのですが、競争に勝つためにはもっと貪欲になる必要があるでしょう。

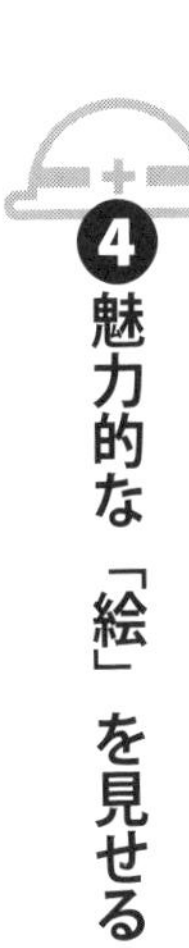

❹魅力的な「絵」を見せる

建設会社がコンペでうったえるのは、これからつくる建造物です。

あらゆる美辞麗句ででき上がった建物の素晴らしさをうったえるより、「絵」を見せてしまえば一発なのは明らかでしょう。

実際、2日間を超えるような長丁場のプレゼンであっても、最終的にお客様が選ぶ会社は、一番魅力的な完成予想図をつくったところ・・・というのはよくあることです。

2020年の東京オリンピックで使われる国立競技場を選ぶ際も、マスコミの場で比較されるのは完成予想図をもってのみでした。

建設に関して深い知識がなければ、どうしても頭の中に印象として残るのは、「最終的にどんなものができるか」というイメージになるのです。

もちろん、日常でプレゼンを行なっている方々には、「そんなことはわかっています」と言う方が大勢いらっしゃるでしょう。

実際、ほとんどのプレゼン資料において、建築家や設計部の社員が描く完成予想図は、重視されています。

しかし重要なのは、お客様が「こんな建物ができるのなら、素晴らしいな」とワクワクするくらい、魅力的な絵を提示しているかなのです。

もちろん、美しいイメージ図を描いてもらおうと思ったら、外部のプロに頼んで、予算がかさむこともあるかもしれません。

しかし20ページや30ページにわたる資料がなくても、こうした「絵」1枚で、プレゼンは決まってしまうことも多いのです。それを考えたら、投資しすべきはむしろ「絵」にあることが明らかではないかと思います。

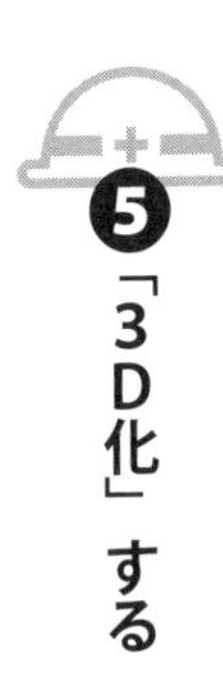

❺「3D化」する

魅力的な「絵」に通じますが、最近は「図面の三次元化」というのも、プレゼンを効果的にするために取り入れる会社が出てきています。

その一例ですが、ＢＩＭを採用し、さまざまな情報を入力すれば、一発で三次元化した画像が作成できます。

また模型を作成し、それを見てもらうことは、建物の完成予想を瞬間的に判断できるのです。

当然、平面で見せられる図面よりも、お客様にはわかりやすく構造物のイメージが伝わりますね。

「平面図だけしか見せないところ」「立体的に見せるところ」、どちらが好まれるかといえば、当然、立体のところになります。

だから住宅を売る場合は、当然のように立体図や模型でお客様に家の構造を見せるところが多くなっていますし、製造業のプレゼンではすでに「三次元プリンター」まで導入されている現在です。

なのに、より大きな額の動く建設業界を見れば、3次元化に熱心なのは内装会社で、建設会社は大手まで含め、対応が遅れています。非常に不思議なことに思えます。

逆にいえば、逸早く「立体」を取り入れれば、コンペでは優位に立つことができます。おそらくネックになっているのは「できる人がいない」とか、「頼むとお金がかかる」ということででしょうが、実はデータを送りさえすれば、アジアのＩＴ企業で安く作成できます。

しかも韓国とベトナムには優れた技術も多く、三次元のＣＡＤだけでなく、安く動画にもしてくれるのです。画像や動画に関して、つくり手がどこの国の人だろうが、どんな言葉を喋っていようが、ほとんど関係はないでしょう。

建設業界というのは、海外でやる仕事をのぞけば、まず「外国の会社に頼む」という発想がありません。一方でＩＴ業界などは、海外の安い技術者に頼むことはごく普通になっています。

おそらくグローバル化に遅れていることが、建築会社のガラパゴス化を生んでいるのでしょう。しかし枠を越えてさえしまえば、プレゼンで使える技術は、いくらでも世界に存在するわけです。

立体に関しては、技術者にとっても学習素材になってよいのです。

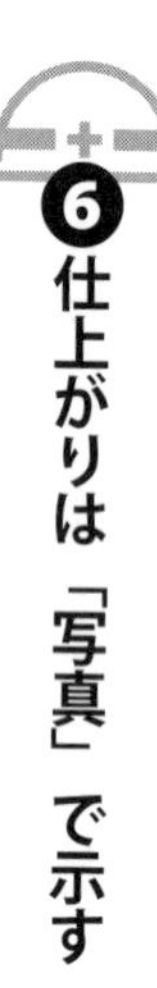

❻仕上がりは「写真」で示す

木質のプリント合板、タイルカーペット、プレート、サイディング、ＰＣ、リブ……。

すべて建物の建材や仕上げパターンを表すものですが、プレゼンでお客様の補佐をしていれば、必ずのように聞かれます。

「それって、どういうものですか？」

専門家でないお客様がわからないのは当然だし、技術は日進月歩していますから、場合によっては建築の勉強をした人でもわからないことがあります。

しかも外壁や外装といえば、「建物が最終的にどのように仕上がるか」という、非常に重要な問題なのです。「わからないけど、これでいいや」なんて、いいかげんに決めてくれるお客様がいるわけもありません。

設計者、あるいは建設会社に所属する人間にとって、ごく普通に扱われる商品であっても、他所から見ればまったく未知のものなのです。

自分にとって当たり前のものが、他人にとってはそうでないことを、まず私たちは認識しなければならないでしょう。

では1つひとつ説明すればいいかといえば、たとえば「土間モノリック上長尺シート貼」と図面に書いてあるものを、「土の上にコンクリートを打って、金ゴテ押さえをして、塩ビシートを貼ります」と言われても、まったくピンとはきません。

確かにコンクリートはわかる。コテで押さえるのもイメージできる。でも、では出来上がった状態がどんなふうになるかといえば、実際に自分が建築に携わっているのでない限り、まったく想像はできないのです。

ならばどうするかといえば、答えは簡単で、出来上がりや施工中の状態の写真を添えてあげればいいだけ。

同じ素材をつくってすでに出来上がった建物の、とびっきり優れたものを写真に撮り、「こんな感じです」とカラー画像などで見せてあげれば、一発で相手には伝わります。

ファッションビルの外壁でも、ホテルのロビーでも、レストランの風景でも、同じものを使うのであれば変わりません。そして上手に画像を見せれば、単なる建築素材でも、アピール材料にすることが十分にできるのです。

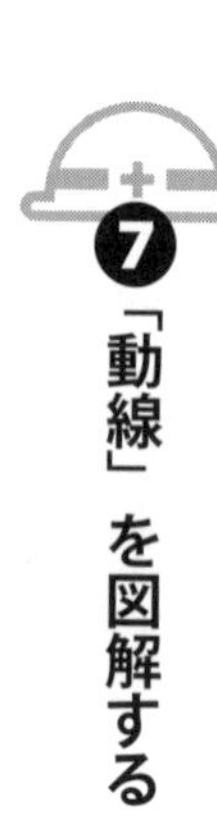

7 「動線」を図解する

文字を減らして、視覚にうったえるという点では、もちろん「図解」も有効です。

もちろん、こうした図解の効果は、実際にプレゼンを経験してきた方々ならば、よく理解しているでしょう。

そして、そもそも「図解」である「設計図」が主役となるプレゼンなのですから、建設のプレゼンは、他のどんな業界よりも、図示することには気を遣っているかもしれません。

ただ、図が多く使われる反面、「図でないとわからないこと」が図解されていないのは、建設のプレゼンでよく生じる問題なのです。

その典型が「動線」です。

「動線」というのは、簡単に言ってしまえば、「人やモノの流れ」です。

たとえばホテルやオフィスを建設するような場合、設計者とは別に「ファシリティマネジャー」という専門家がいて、施工業者が決まったあとで「動線」に基づいた調整をします。

というのも、ホテルや商業施設のように人の動きが多いところでは、「人の流れをどのようにつくるか」が死活問題になるからです。ロビーに人が溢れてしまっていたり、エレベーターが不足して待ち時間ばかりが長くかかってしまえば、「あそこのホテルは窮屈だ」と、すぐに悪評になってしまいます。

人の流れだけではありません。たとえば空気の流れが悪く、「フロアでエアコンが効かない」とか「レストランが臭う」などとなってしまえば、これもやはり致命的な問題になるでしょう。

「動線」が大切なのは、一度建設してしまえば、エレベーターを増やすこともできないし、廊下を広げるわけにもいかないのです。「建設会社の設計が悪かった」とののしったところで、営業が始まってしまえばどうにもなりません。だから動線が致命的になるホテル業界では、設計者に任せず、最初から「ファシリティマネジャー」という専門家を使って、後にトラブルが起こらないようにするわけです。

ホテルに対して、「工場」「倉庫」「オフィスビル」など、設備投資の建設では、「ファシリティマネジャー」に「動線」を考えてもらうことは多くありません。

しかし、だからといって「動線」を軽んじていいわけではありません。実際、コンぺで会社を選ぶ際の、決定要因になることすらあります。

たとえば工場を建てるとしましょう。工場の中には、事務所員が働くオフィスもつくります。

すると人の流れに関しては、「工場に務める工員」と「事務所の事務職員」という、2つの動線ができるわけです。工場では大勢の人が働き、更衣室やトイレを使ったりして、ある程度大きな人の流れが起こります。

その流れが事務職で働く人の仕事を阻害したり、事務所を訪れるお客様の邪魔をするようなことになっては、会社としてもやはり大きな問題になるわけです。

さらに「動線」にはモノの流れも入ります。

工場で使われる材料や部品は、どのように搬入されるか。トラックがどこに来て、どのように運ぶか。逆に出来上がった商品は、どのように搬出されるか……。

これも当然、工場の機能を考えれば、非常に重要な問題になるわけです。

またホテルと同様、空調だって無視できません。とくに大型の機械を扱ったり、熱作業をするような工場であれば、ダストから取り入れた空気がどのように流れるか、従業員が快適な条件で作業できるかなども、やはり考慮しなければならない材料でしょう。

設計者もプロですから、図面を描くときに、こうした動線は意識しています。ただ、プレゼンでそれが説明されることは多くありません。だからお客様は設計図を提示されたあとで、そこに鉛筆で線を描いて、出来上がり後の人の動きをイメージしていたりするわけです。

ならばこれも、最初から「動線を描いた図」を提示すれば、話は早くなります。ゴチャゴチャと1図面に重ねるのでなく、「人の動き」「搬入」「搬出」「空調」と図解してあげる。そこにお客様から見た修正点があったとしても、「建設側がそこまで計算して設計していること」は伝わるでしょう。

当然そのことは、「この建設会社が一番信頼できるな」という優位性につながっていくのです。

❽「伝わる言葉」で問いかける

建築素材や動線の話が出てきたので、言葉についても少しふれておきましょう。まず建設業界で働く人間が認識しなければならないのは、いかに自分たちが普段の仕事で特殊な言葉を使っているかです。次ページに代表的なものを紹介しますが、日常で使う言葉でも、一般の人には通じません。

これは逆に考えてみればいいのです。実際、建設業界で働く私がこうして本を書いたときも、編集者さんから出版用語を聞けばとまどいます。ＩＴ用語や化学業界の用語だって同様でしょう。

プレゼンというのは、建設業界を知らないお客様にアピールする場なのです。なのに時々、技術者や設計者には、お客様から聞かれると「そんなことも知らないのか」

とばかりの態度をとる人もいます。これは明らかにマイナス材料にしかなりません。

とはいえ、設計の技術者ともなると、意識しなくても資料や説明に専門用語が出てきてしまうものです。そこは口頭で構いませんから、営業がしっかりお客様に翻訳して、疑問の余地を残さないようにすることが大切です。

9「広さ」「長さ」「高さ」を上手く表現する

用語でさらに気をつけるべきなのは、「長さ」や「広さ」などの単位です。これも普段から仕事で取り扱っている建設業界の人間と、一般の人たちの感覚との間にはギャップがあります。

たとえば建設業界では、基準を「ミリ」で考えます。

すると長さに関して、「1750ミリ」などという表現を平気でするわけです。お客様は「えっと何メートルだ?」と、頭の中で面倒な計算をしなければならなりません。

では、メートルで表現すればわかりやすいか？　といえば、決してそうでありません。たとえば広さに関しても、普通の人は「1万平方メートル」といっても、それが広いのか狭いのか、いまいちイメージができないのです。

面積に関しては、年輩の方だとむしろ「坪」で表現したほうがわかりやすいこともあります。

またもっとわかりやすいのは、「東京ドーム2個分」とか、「15階建てマンションくらいの高さ」など、具体的にイメージできるものと照らし合わせることです。わかりやすいニュースはこうした表現をしていますが、これも営業マンがしっかり補足してあげたいものです。

具体的な指標を、いくつかあげておきましょう。
・畳1畳……1.5平方メートルくらい
・1坪……3.3平方メートル
・平均的なコンビニの広さ……120平方メートルくらい

【上裏】

上げ裏、軒裏、軒天井はすべて、軒を下から見上げた部分をいう。


【網入りガラス】

ガラスの中心に、鉄線の網状にあんだものを入れたガラス。延焼の恐れのある外壁面のガラス窓に使用される。


【インターロッキング（いんたーろっきんぐ）】

インターロッキング・ブロックとよばれ、路盤・路床に敷きつめる外部の仕上げ材である。


【エキスパンション・ジョイント】

膨張・収縮に備えて設けた緩衝のための接合部、もしくは接合部に設置する部材のこと。


【納まり】

2つもしくは3つの材料が取り合うときの細工の仕方、もしくは完成した状態。


【開渠（かいきょ）】

水を流すための溝や側溝のうち、地上部から掘り込んでコンクリートで凹状の用水路となって、蓋掛けなどされていない状態の水路を指す。

明渠（めいきょ）とも呼ばれ、また単に「水路」と呼ばれることも多い。ただ土を掘って水を流すものは、用水路であり開渠とは呼ばないことが多い。

蓋をしたものは暗渠という。


【額縁（がくぶち）】

窓などの室内側に四方にまわった細い材のこと。


【笠木（かさぎ）】

水平になった部分に、上部からかぶせるようにした部材。


【片流れ（屋根）（かたながれ：やね）】

一方方向への勾配の付いた状態を片流れといい、一方勾配の屋根を片流れ屋根という

【矩計（図）（かなばかり：ず）】

建物の標準的な高さ関係、納まり、仕様などを示すために、軒先を含む屋根から基礎まで

を詳細に描いた断面詳細図を、矩計図という。


【クロス（くろす）】

ほんらいは布のことだが、建築でクロスといえば、壁に貼るビニール・クロスのこと。


【蹴上げ（けあげ）】

階段の1段の高さのこと。


【下屋（げや）】

全体の屋根より一段下がってつくられ、外壁から始まる片流れの屋根。


【倹飩（けんどん）】

家具の扉や建具などの開閉方法の一種で、わずかに上へあげて外せるようにした扉、もしくはその開閉方式。


【実施設計（じっしせっけい）】

建築の設計作業のうち、基本設計に引き続いて行われる作業。

基本設計で固まった建築計画を、施工を念頭においてより具体的に行われる設計作業である。構造計算や設備図の作成などのほか、搬入路の検討など施工が可能か、経済設計をふまえて工事費の算定などを行う。施工のための実施模型を作ることも多い。


【地縄（じなわ）】

計画している建築物を敷地にあてはめて、位置などを確認するために、建物の平面の形に張り渡す縄。


【駄目（だめ）】

完成直前になって、未完成で残った小さな部分。


【土間（どま）】

土のままの1階の床のことだったが、いまでは床スラブをもいう。


【ピロティ（ぴろてぃ）】

ピロティ（フランス語：Pilotis）とは、建築用語では2階以上の建物において地上部分が柱（構造体）を残して外部空間とした建築形式、またはその構造体を指す。

・東京ドームの広さ・・・・4万7000平方メートルくらい
・2階建ての家の高さ・・・・8メートルくらい
・15階建てのマンション・・・・40メートルくらい

⑩「不動産の目線」を意識する

広さなどをお客様に提案するとき、相手の理解に合わせた言葉を使うのはもちろんですが、その用途についても意識しなければいけません。

たとえばオフィスビルを建てる場合、ユーザーとなる人は、自社ビルを所有するオーナーばかりとは限りません。当然、何フロアかは他の会社に貸して利益にすることも考えられるわけです。

するとプレゼンのとき、お客様の側では提案された図面を見て、「何社に月いくらで貸すことができるかな」という計算をすることになります。

もしここで、「坪○○の事務所が何社分、また半分のスペースであればこれくらいの相場で貸すことができます」という説明ができれば、お客様も「建設会社は、こちら側の意図をわかってくれているんだな」と安心することになるでしょう。貸しオフィスにするならば、建設面で配慮しなければならない部分も出てきますから、「この会社に頼むのであれば安心だ」という信頼にもつながるわけです。

他にも工場であれば、お客様は図面を見て、「何年で原価償却できるかな」ということを瞬間的に判別します。そのときに併設する設備をのぞき、工場部分の面積のみを表示してあれば計算はしやすくなります。

倉庫も自社で使うだけでなく、何社かに貸す場合はよくあるわけです。すると「貸しスペースとして、どれくらいの広さが確保できるか」「坪いくらで何社に貸せば、どれくらいの利益になるのか」と、やはりお客様に提案することで、建設会社の信頼性につなげることができるでしょう。

こうした発想は、「設計者」というより「不動産業者」が得意とするものですが、それができることで建設会社のプレゼンも幅が広いものになります。

設計担当の人間にそこまでを望むことは難しいでしょうが、営業マンはもっと広い視点でお客様に提案ができるようにしたいものです。

⓫「お客様中心の工程表」をつくる

プレゼンにおいては、「どんなものをつくるか」という設計プランだけでなく、「どのような手順で、いつまでにつくり上げるか」というスケジュールの部分も非常に重要な要素です。

ただ、建設会社がよくプレゼン資料に使うのは、「ネットワーク工程表」のようなものではないでしょうか。これは現場管理用によく使われるものを流用したものです。

確かにこの「ネットワーク工程表」は、建設会社で働く人間にとっては、お馴染みでしょう。

　でも、お客様にとっては、果たしてわかりやすいのでしょうか？

　いつまでに解体が終わるか？　いつまでに地下の工事が終わるか。いつまでに基礎工事をして、いつから鉄筋を組み立て始めるか……。

　建設工程で重要ではあっても、お客様にとってはどうでもいいことです。それが早いのか遅いのかも検討がつかないし、工法を説明されても何のことだかはよくわかりません。

　むしろお客様に重要なのは、工場であれば「いつに機械を入れるか」とか、未決定の要素があれば「いつまでに決めなければいけないか」とか、「いつにどれだけのお金を用意しなければならないか」といった、あくまで自分の側のスケジュールなのです。

　そこで「お客様のスケジュール」をあらかじめ意識し、それを加えた工程表を最初から用意しておけば、建設会社への信頼感は高まります。

しかも比較で決まるコンペにおいて、唯一「自分たちがいつ何をするか」がわかる提案があれば、それは会社での決済がしやすいものになるでしょう。

これもお客様の視点で考えれば、いくらでもできる改善点です。そうした提案の主役となれるのは、やはり営業マンにほかなりません。

⑫「最新の建築技術」はアピールする

建設会社のプレゼンにおいて、多くの建設会社の案は、「こんな建物はどうですか?」という建物の提案の域を出ません。

けれども建設の技術は毎日のように進化し、できることの幅はお客様の想像を超える範囲で広がっているわけです。もし最新技術で可能なことがあるなら、積極的に「こういうのをやっていますよ」というアピールを、プレゼンで行なってもいいのではないでしょうか。

実際、ある建設会社は、プレゼンの資料で、自社のエコシステムのことを少しうたっています。

太陽光パネルを使って蓄電池に充電する仕組みですが、「それを使うと補助金がいくらもらえる可能性があります」という提言もしますから、事業主によっては「検討してみようか」ということになるわけです。必然的にコンペは「勝負あった」になりますね。

雨水を浄化して、生活用水に使うシステム。最近では自由化してできた新しい電力会社を使って電気代を削減する方法も人気ですが、こうした新しい取り組みをうたうだけで、「それは面白いね」とお客様の心が動かされるケースは案外と多いのです。

確かにこうした提案は、お客様が最初に提示している条件には入っていません。

しかしそもそもお客様は、「建設の新しい技術を使ってどのようなことができるか」を知らないのです。ヘンリー・フォードも言っていますが、自動車が発明されるまでは、世の中には「速い馬車があったなら」というニーズしかありませんでした。パソコンが普及するまでは、「高性能の電子計算機が欲しい」といったお客様しか世にはいなかったわけです。

たとえば工場の建設を望むお客様が本当に欲しがっているのは、「工場」という「箱」ではありません。その工場が稼働することで会社が繁盛し、従業員がハッピーになっていく未来です。

ならば「会社を繁栄し、従業員をハッピーにする方法」があれば、コンペに参加する側はどんどん提案すべきなのです。お客様の気持ちを読めば、思いつくことはいくらでも考えられるでしょう。

⑬「お客様に関係のないこと」は省いてしまっていい

前項とは逆に、お客様の要望とはまったく関係のない、自分の会社の取り組みを延々と2ページくらいにわたって紹介している資料もコンペではよく見かけます。

内容は会社としての取り組みだったり、安全性や感情面への配慮。グローバルへの展開だったり、ボランティア活動やメセナ活動を紹介していることもあります。全体で30ページくらいの資料で2ページですから、これはそこそこの分量です。しかも細かい文字で、ズラーッと長く書いてあることがほとんどでしょう。

正直これは、「プレゼンに必要ないもの」です。

ホームページや、会社の宣伝としてCMに流していれば、それで十分なこと。すでにあなたの会社に興味を持ち、「どんな提案をしてくれるのだろう」と機会を提供しているお客様には、あえて述べたところで意味のないものでしょう。

プレゼンはお客様が、提案の中で最高のものを選択する場。お客様に提示する情報は、すべて自社の提案を強化するものでなくてはいけません。

⑭建物の安全性を明確にする

東日本大震災以来、建造する建物の耐震性については、よくお客様から聞かれるようになっています。

東京も含め、将来の地震が危惧されている場所は多くありますから、多額の投資をして大きな建物を建てる方が心配するのは当然のことでしょう。

実際、建設業界で働いている人には意外でしょうが、プレゼンのとき図面を見ているお客様から、次のような質問を受けることは多いのです。

「この建物、耐震ですか?」

知ってのとおり、いまの法律では、耐震になっていないと建物は建てられません。

だから耐震になっているのは建設側から見れば当然なのですが、お客様はそう認識していない。建てる側にとって当たり前だから資料でもあえて言及しないし、実際に世の中には、地震のとき倒れる建物もあるわけです。

ならば建てる前に、「耐震になっているのか？」という疑問が生まれるのは当然でしょう。

そうすると心配されるお客様には「あえて」でも、災害への対策については詳しく説明したほうがいいのです。

耐震を施すことはもちろん、具体的にはどんな技術を使っているのか？

現代の建築は、柳と同じで、建物は揺れるけど崩れないような構造をつくっています。震度5強までは、形を崩さないことが原則です。

すると高い建物などは激しく揺れが生じるので、「壁に叩き付けられるようなことがないか？」と心配される人もいます。それに対しても、揺れの大きさは中の人間に害が生じないことを、あらかじめきちんと説明をしておけばいいでしょう。

地震だけではありません。台風のような風に対してはどれだけの対処を考えているのか？ 火災に対してはどうか？ 沿岸部なら、津波のような被害に対してはどうか？ たとえば強風で「風速35メートルに耐えられる」といった場合、すぐにお客様は「では、40メートルの風が吹いたら建物が崩れるのですか？」と心配するわけです。

設計においては「安全率」というのが考慮されますが、だいたい設計者は、10～20パーセント増くらいでは計算しているでしょう。ただ、安全率が理論的はOKであっても、実際はそうなってみないとわからない話ですから、あまり設計者も明確にしたがりません。保証ができないのですから、それも当然のことかもしれません。

けれどもお客様からすれば、そんな立て前の話よりも、設計者がどこまで考えているかのほうが重要なのです。「あくまで理論的には」という前提で、人命を守るように最善の努力をしていることを伝えたほうが、相手も安心されます。

火事への対策としても、建築基準法では延焼に備え、1階部分は隣の道路から3メートル、2階から上は5メートルまでは燃えても安全なように設計がなされます。

近隣から5メートルの幅がないところでは網入りのガラスが使われますが、これは隣からの延焼があったとき、割れても網で押さえられるように対策がとられているわけです。建設する側にとっては「当たり前のこと」ですが、お客様にとってはそうでありません。

あえて説明をすることで、それがアピールポイントになることを認識しておくべきでしょう。

お客様の事業によっては、災害対策への提案がプレゼンに勝つための決定要因になることもあります。

たとえば以前、大手文房具販売店の倉庫が、1週間以上にわたって燃え続けたことがありました。それだけ長く続く火災は、通常想定していませんから、かなり異常な事態だったといえるでしょう。

通常、火災に対しての対策で最も重要なのは初期消火です。倉庫などで、その最も効果的な策としては、煙に反応する固定消火が使用されます。

わかりやすいものでいえば、火災発生を知らせるとともに、水が噴射するスプリンクラーがその例です。

しかし文房具もそうでしょうが、倉庫に保管するものによっては、大量の水が撒かれることで価値を失なってしまう商品もあるのです。いくら人命が第一といっても、企業は大損害が起こることを避けられるならば、なんとか策を練りたいところでしょう。

そこでハロンガスや炭酸ガスなど、水を使わない対策を提案してみる。あるいは防火シャッターでの対策を提案する。ひょっとしたらコストがオーバーするかもしれませんが、お客様側にとってみれば、「商品の安全が保たれるなら、投資してでもやりたい」と食指を動かされる可能性もあるわけです。

あくまで「オプション」ということにはなりますが、こうした提案をすることが「この建設会社は、自分たちのことを真摯に考えてくれている」という信頼にもつながってくるでしょう。

先に「動線」の話をしましたが、業務時の人の流れをプレゼンで説明する会社はありますが、避難時の流れを説明することはほとんどありません。

地震の多い地域、あるいは津波のあった地域、また原発のある地域では、いざというときの従業員の避難は重要課題です。危険物を取り扱う工場なども同様でしょう。

もちろん建築基準法では、「二方向避難」など、あらかじめ設計で考量すべき要素がいくつか決められています。設計者はきちんと避難時のことも考えているのですが、それをお客様に伝えないから、不安が生じ、マイナス要素になってしまうのです。

お客様の気持ちを読み、安心を信用性に変えていくことが、プレゼンでは必要になります。

⓯現場監督の能力をアピールする

コンペで仕事がとれ、いざ工事が始まったら、主役になるのは現場監督です。

スケジュール通りに作業が進むか? 近隣とのトラブルは起こらないか? 台風などの災害があったとき、現場で事故が起こったりはしないか?

こうした問題に対処していくのは、すべて現場監督の仕事。だから2章で述べたように、現場監督をする人間はお客様と仲良くなれる可能性も高いし、そのことが次の仕事につながることも多くなるわけです。

ですから、「現場監督が誰になるか」は、コンペ段階で仕事を選ぶ際にも、重要な要素となるべきでしょう。

もちろん、お客様は「どこどこの誰が優秀な現場監督者だ」などという情報を知っているわけではないし、仮にそうした指名をしたくても、いざ工事になったときに当人を担当にできるかどうかはわかりません。

けれども、「どんな現場監督が担当する可能性が高いか」を示しておけば、やはり会社にとっての魅力になります。

一般的に建設会社の建設部で現場を任され、やがて所長になっていく人間というのは、会社のトップエリートになることを期待される層なのです。そうした会社の主軸を表に出すのは、塾の人気講師を表に掲げるようなもので、仮にその人の指揮で工事が行なわれなかったとしても、「この人も所属している会社の現場であれば安心だろう」という信頼につながるでしょう。

実際、プレゼンで選んだ会社の現場担当者がものすごく優秀で、お客様が感動された物件には、何度か遭遇したことがあります。

その際は、選んだ会社はもちろん、それに協力した私たちも感謝されます。「次もぜひこのメンバーでやりたいね」ということになりますから、じつは中間で仕事をする私たちにとって、一番選びたい仕事というのは「現場担当者が安心できる物件」なのです。もしプレゼン段階で担当者までわかれば、「この会社にしましょう」とお客様に提言したいくらいです。

後の章でも取り上げますが、ゼネコンまで含めた建設会社は、もう少し現場監督者を持ち上げてもいいのではないでしょうか。

16 建設後の品質管理を説明する

衣類や食料品から、電化製品や自動車まで、世の中で売っているものはすべて、「不良品は返却できる」のが日本では当たり前になっています。

ところが建造物だけは、少し事情が異なっています。お客様はその商品が世の中に存在する前に購入を決めますし、出来上がるものは「他のどこにも存在しないもの」ですから、交換することなどできません。

しかもその建物が建ってから何年も経ったり、地震で液状化のようなことが起こってから、はじめて「欠陥だった」ということが判明するケースも多いのです。ニュースでは、「欠陥マンションを購入した人が大きな負債を背負うことになった」などという情報も取り上げられます。

民間工事を発注する企業は、多くの従業員の生活に責任を負っています。工場で事故があったり、欠陥工事が会社に大損害を与えるようなことがあれば、致命的なことになりかねません。

そんなお客様が、「建てたあとは、大丈夫ですよね」と心配するのは、至極当然のことと言えるでしょう。

しかし建物を建てたあとの品質管理方法を、コンペの段階のプレゼンで説明しない会社は多くあります。それはむしろ建ててからの問題であり、現場監督者が説明することと考えられているからでしょう。

ということは、プレゼンでちゃんと品質管理まで説明をすれば、他の競争相手に対するアドバンテージにもなるのです。きちんと説明するに越したことはありません。

もちろんメンテナンスフリーのようなことがうたえる会社であれば、すぐ品質管理はアピール材料になります。そうでない会社は、デメリットになるのではと、危惧する方もいるでしょう。

ただ、問題は「お金」ではなく、建てる会社がどこまで気を遣っているかの「誠意」だと思います。

たとえば、ビルでよく故障が問題になる部分にエレベーターがありますし、白い外壁だと、後々の汚れを非常に気にするお客様もいます。

また工場によっては水を使うことで、始終濡れてしまう場所とか、製造業ではオイルミストが出るところの天井など、相手側が危惧する箇所というのは、建設の際に必ず出てくるわけです。

そうした懸念材料に対して、どのようなメンテナンスをしていくのか？

仮にお客様と折半で清掃をするにせよ、「建設側がそこまできちんと認識してプランを建てている」ということがわかれば、お客様もひと安心するものです。

優れた現場監督者には、工事段階でお客様にｉ－Ｐａｄで撮った実績例を見せ、「この部分はこのように管理します」といった説明を丁寧にする人もいます。

そんな配慮をプレゼン段階でできれば、これもお客様からの信頼につながっていくでしょう。

17 お客様のことをよく調べる

私どものお客様には、地元の有力企業という方もいらっしゃいます。

そんなお客様の場合、何を建てるにしろ、地元に貢献することが第一です。斬新なデザインではあるけれど、地元の景観を阻害したり。あるいは少しでも環境を破壊するような懸念があれば、いくら素晴らしいプランであったとしても却下されることになるでしょう。

逆に最初から「地元貢献」をプランに取り込めば、お客様から喜ばれる可能性は高くなります。

たとえば工場に併設した広場が、地元の子どもが遊べる公園としても解放されていたり。避難所としても使えるようになっていたり。そこまでいかなくても、建物のデザインが地元の風景を意識したものになっていれば、お客様からの印象も高くなることが予想できますね。

相手が地元に密着した企業なのか？　それとも「最先端」とか「グローバル」といった新しさにこだわる企業なのか？　環境や福祉を大切にする会社なのか？

環境にこだわる会社であれば先に述べたような「エコ」の案に飛びつくかもしれませんし、福祉を大切にする会社ならば、保育所を併設するようなオプションプランも考えられるわけです。

先方の会社が何を大切にしているかというのは、その会社のホームページを見れば、簡単にわかることです。

どんな営業でも相手の情報を収集するのは当たり前のことですが、こと建設会社のプレゼンでは提示された条件に終始し、ほぼ「言われたまま」でプランをつくってしまうことが多くなっています。これは設計者に任せっぱなしにするのでなく、営業がしっかりとフォローすべき部分でしょう。

とくにトップダウンの会社だと、担当者レベルで「提示された条件どおりの案」に決まったとしても、トップ経営者の一存で計画が振り出しに戻ってしまうこともあります。

それを防ぐためには、先に「経営者がどんな信条を持っているか」を知り、あらかじめ経営者の考え方に一致したプランを考えることが一番。それはプレゼンでも、「御社の理念に合わせました」というアピールになります。

事前に調べることで、こうした対策はいくらでも打てるのです。

18 競合相手のことをよく調べる

プレゼンに勝つための方法として、最後に示唆したいのは、競合相手のことをよく研究するということです。

お客様のことと同様、建設業界の場合は、他社の特徴をあまり前もって調べることをしません。

調べたとしても、ほとんどは「いくらでやっているのか」という相場価格に関してだけ。品質であったり、技術であったりということは、あまり考慮せずに自社のプランを考えることが多くなっています。

しかし1つの技術に関して、他社よりズバ抜けた技術を持っている会社が同じコンペに参加している場合、まったく同じ技術を前面に出して「うちでやらせてください」とアピールしても勝てるわけがありません。

「安全性第一」という評判がある会社の前で、「私たちの会社は安全です」といくら豪語したところで、やはり埋もれてしまう結果になるでしょう。

とくにスーパーゼネコンの企業になると、「技術に関してはうちは何でもできるから」と、とかく設計者の創造力を前面に押し出そうとするところがあります。

だから「特殊性」ということに関しては弱い部分があるのですが、世の中には知名度や規模ではゼネコンに敵わなくても、「ある特化した技術では巨大企業に抜きん出る」という会社が案外とあるのです。

私はお客様の案件に合わせ、そうした会社を選んでコンペへの参加を打診したりしていますが、そんな会社に真っ向から挑んでは、いかにスーパーゼネコンといえどもコンペでは大敗をきたすことになってしまいます。

横並びでやっていた建設会社も、とっくの昔に競争の時代に入っているのです。そんな時代に、個性や特徴のない会社が生き残っていけるわけもありません。とくに営業は、自社の特徴を打ち出せないのでは失格になってしまうでしょう。

あまり意識して来なかった方はぜひ、他社のことをよく知り、自社のメリットはどこか追求してみてください。

第4章

プレゼンに勝つチームをつくる

「営業が中心になったプレゼン」を組み立てる

実際のプレゼンで、皆さんはどんなふうに、お客様に自社のプランを売り込んでいるでしょうか？

ゼネコン企業がプレゼンをするとき、いつも私が思うのは、「なんであんなに大勢で来るのだろうな」ということです。もちろん会社によって差はありますが、1時間くらいのプレゼンで7～8人の大人数でやってくることもあります。

もちろん、お客様に大勢で対応しようというのは、会社としての誠意なのかもしれません。実際に話すのは、営業担当がメンバーを紹介し、それから役員が挨拶し、設計者、構造設計者、設備設計者・・・と、書く専門家が5人くらい順番に話すことが多いようです。

しかしそれだけの人が話をして、お客様にわかりやすいプレゼンになるかといえば、どうかなと思います。

たとえば会議のときなど、何人もの人が入れ替わり立ち代わり別々の話をすると、誰がどんな話をしていたのかわからなくなってしまうでしょう。

プレゼンも同じで、会社の提案はただ1つなのですから、本当は1人のプレゼンターが最初から最後まで話すくらいのほうが、お客様にとってはわかりやすいのです。

ただ、お客様に設計プランを説明する際には、その案を考えた設計者が説明したほうが、説得力のある話ができることも確かです。

構造担当や設備担当の人間がいたほうがいいかといえば、それは疑問です。鉄筋の総重量がどうであるとか、そんな専門的なことをプレゼンのときにお客様が知りたいとは思わないでしょう。

しかし設計に関しては、どんなコンセプトであるとか、どんな特徴があるのかなど、そのプランの意図をお客様も知りたいのです。

また、図面上のものが実際に仕上がるとどうなるかという質問については、設計の人間がいたほうが対処しやすいかもしれません。

しかし2章、3章でも述べたように、設計者の話というのは、とかく素人には難しいものになりがちです。

ならば営業マンがお客様との間に立ち、必要とあれば設計者に話を聞く。あるいは設計者の意見を聞き、それに注釈を加えてお客様に説明する…といったスタイルのほうが、お客様にはわかりやすく伝わるようになります。

たとえるなら、これはワイドショーにおける司会者の役を営業マンが担当し、解説者として設計者のような専門家に話を振るということ。ビジネスにおいては「ファシリテーター（調整者）」という言葉をよく使いますが、そういう役割のできる人物が1人いれば、何人の専門家を連れて来ようが、上手に生かすことはできるでしょう。

考えてみれば、スティーブ・ジョブズだって、商品プレゼンのときに、いちいち設計者と製作者を壇上にあげるようなことはしませんでした。そこまでのパフォーマンスは難しいかもしれませんが、問題は同じ役どころを、果たして営業マンが担えるかなのです。

そのためにはプレゼンに参加する人々が、チームとして連携をとる必要があります。

設計者と営業者が擦り合わせをすることは可能か?

営業と設計などの技術系の人間が、綿密に打ち合せをしてシナリオをつくり、1回のプレゼンに臨む……。

たとえ設計者が外部の設計事務所や建築家だったとしても、お客様側から見たら、コンペに集った1つのチームです。サッカーの代表チームのメンバーが、普段は世界各国に散らばっているのと同じで、普段の立場に関わらず、協力して成果を出すことが求められます。

ところが現実は、同じ会社の営業部と設計部に属していたとしても、プレゼンでの意思疎通があまりうまくいっていません。設計は設計で好き勝手な解釈で図面を描き、営業は単なるつなぎ役にしかなっていないことが多いでしょう。

そもそも営業と設計は、建設会社の中で正反対の立場にあります。

これは建設会社に限った話ではなく、メーカーやマスコミなど、あらゆる技術者集団を抱える会社に言えることかもしれません。

つくり手である開発者や製作者、編集者が「もっと売ってほしい」と思うのに対し、売り手である営業は「もっと売れるものをつくってほしい」で、つねにお互いに不満を持ちがちになります。

加えて、メーカーでもマスコミでも、やはり会社の顔になるのは「つくり手」になりますから、営業の立場はどうしても弱くなります。そのぶん責任を問われることも少なくなりますから、「任しておけばいいか」となり、つなぎ役になってしまう営業が多くなるわけです。

ただし最近はどんな業界でも、営業企画のマーケティングが重視されていますから、つくり手は営業の視点を、売り手は開発の視点を持つことが強く求められるようになっています。

しかし建設会社の場合、そういう場合の「つくり手」とは「建設部」であり、会社の顔を担っているのも、現場でヘルメットを被り、作業服で活躍する建設部の人々。のちのち営業部へ異動する人間も含め、役員にまで出世していくのも、多くが建設部出身者になるわけです。

では、設計部はといえば、会社の中ではアーティスト集団のような特殊な立場になります。尊重され、重んじられるけれど、会社業務とは独立したところにいます。

これは社外の設計事務所も同じで、日本では設計に対して、一切の責任をとらないことは前に述べました。だから物理的な法則を無視したデザインまで出てくることもあるのですが、そんなふうに建設業界全体の中で「設計者」というのは、非常に特殊な位置を占めている現状になっているわけです。

そうした背景があってか、一般論として設計の人間には頑固な人が多く、お客様の意見をあまり聞かない傾向があります。

これは意匠設計、構造設計、設備設計など、すべての設計分野に属する人に言えることで、自分の考え一つに固執し、考えをなかなか曲げようとしません。特にエンジニアである、構造、設備設計はその傾向にあります。だから営業マンの要望をあまり設計には反映せず、お客様の要望に対しても、自分の考えに合わなければ平気で却下することがあるわけです。

もちろん設計には設計で理屈があるのでしょうが、お客様にそれを説明できなければ、プレゼンでは嫌われるだけ。

あくまでお金を出して建物をつくるのはお客様であり、そのお客様が喜ぶものをプレゼンできなければ、コンペでは負け続けることになってしまいます。

この問題を克服するためには、まさに営業マンがリーダーシップをとり、できるだけ設計者に営業感覚を持ってもらうしかありません。

安藤忠雄さんの営業センスに学ぶ

設計の人間がお客様にいい印象を与えれば、プレゼンとしては最強です。お客様は建設会社のことを信頼してくれますし、設計者が思い描く完成形に大きな期待を寄せます。そうなったらコンペは、まず勝ったも同然でしょう。ですから建設のプレゼンで、設計者は最高の営業ツールになりえるのです。そのことを営業の責任者は、よく頭に入れておくべきと思います。

じつは私がいままで聞いた中で、素晴らしい営業センスを持った建築家というのが1人だけいるのです。

それは、安藤忠雄さん。

言うまでもなく現代の日本を代表する建築家の安藤忠雄さんですが、建築のセンス以上に、ズバ抜けた営業のセンスを持っていたからこそ、あれだけの成功をつかんだという話があります。

私はまだ駆け出しだったころに、親しかった人から安藤さんの話を聞かせていただきました。あれだけのビックネームでありながら、安藤さんは1回お会いしたら、間違いなく直筆でお礼状を出すそうです。

一般の会社からしたら当たり前に思うかもしれませんが、設計事務所でそれだけ営業を重視するところは、なかなかありません。それなのに、雲の上のような存在の安藤さんからハガキや贈り物が届くのですから、もらったほうは感激してしまいますね。

さらに安藤さんが人の心をつかむ名人だなと思うのは、打ち合せで初対面のお客様と顔を合わせたときです。どんな場所にどんな建物を建てるか、イメージを安藤さんは聞くのですが、すると安藤さんはすぐ言います。

「そういう場所であれば、こういう感じで、こういうのがいいんじゃないですか」

そして紙を取り出し、その場でイメージを描いていくわけです。まるでお客様にとっては有名画家がその場で作品を描いてくれるようなもの。そして出来上がるのは、ビックリするほど格好いいデッサンなのです。

「それは、ものすごく素晴らしいです!!」

仕事をしてもらう以上の感動が、この場で得られることが想像できますね。

安藤さんは住宅のデザインから出た人なので、発注者の心をつかむ術には非常に長けているのだと思います。

安藤さんに憧れる建築家は多く、そのデザインセンスは皆、一生懸命に真似ようとしています。

しかし営業努力のほうは、皆ほとんど無視しているのです。日本の建築家がなかなか世界に認められないのは、そうしたことが背景にあるのではないでしょうか。

述べたように、日本の建築市場においては、どんなに設計ミスがあったとしても、最終的には建設会社が責任をとる仕組み。だからあまり考えなしに、デザイン優先で、自分のプランを描いてしまうところがあります。

しかし海外では建築家の責任が大きく、設計ミスで建物が傾くようなことがあれば、すべて責任を背負わされてしまうのです。したがって日本では建設会社や施工会社の範疇になる構造のことまで、しっかりと学ばなければなりません。

そうした背景がありますから、たとえばアントニオ・ガウディのような斬新な建築でも、構造設計の部分から綿密に計算されてつくられている面があります。そうでないと大問題になりますから、デザインセンスのみでは勝負ができないのが実際なのです。日本で建築を志す人はそれに気づかず、海外に留学する人は多いのですが、デザイン面ばかりしか押さえないことが通常です。そしてセンスだけを磨いて日本に戻り、この業界で設計に携わるとすれば、視野は非常に狭くなり、見過ごしてしまう面が多くなるのも当然でしょう。

だからこそお客様に提案するプレゼンでは、営業は設計のフォローをし、設計も営業に助っ人を求めなければならないのです。

設計者がプレゼンに参加するその場の誰よりもセンスを持っていることは否定しませんが、それを生かすためにも、建設会社はチーム力で勝負しなければなりません。お互いの特性をよく知れば、営業と設計で最強のコンビがつくれるのです。

営業マンはもっと設計のことを勉強する

設計者がデザイン以外のことをわかっていないのと同様に、営業も設計のことをわかっていません。

実際、建設会社には、建設部で現場を経験してから営業に回る人が大勢います。しかし設計から営業に回る人はほとんどいない。だから「設計がわかる営業マン」は、ごく少数になります。

一般的に設計の人間は理系の思考で考える人が多く、理論でないと納得しないところがあります。

したがって営業マンが設計者をコントロールするには、自分も設計にある程度の理解を持って、理論で納得してもらわなければならないのです。

それができないのでは、いつまでも平行線をたどることになってしまうでしょう。

これは設計の中で、「構造設計」をする人たちも同じです。

むしろ構造設計は、もっと言うことを聞かないかもしれません。それくらい柔軟な人が少ない分野、という印象を持っています。

会社によっては構造設計を、ほぼ外部に依頼している会社も多いでしょう。やはり特殊性の高い部門ですから、設計者の出した案を言われたままに受け入れているところも多いはずです。

ただ、構造にも明確な答えはなく、その考え方は様々にあるのが実際なのです。

だから私はよくお客様側から意見するのですが、「もう少し、こうしたほうが安くなりませんか？」と言えば、すぐ構造設計者は「じゃあそうしましょう」と修正されることが多くあります。

逆に言うと、「もっとコストダウンしよう」という人がいなければ、案はそのまま。高い見積もり価格をしたままの案で、プレゼンへ臨むことになるわけです。

予算に限界のあるお客様で、ライバル会社がもっと安い構造設計を打ち出してきたら、これは勝てる見込みのない戦いになってしまいますね。

いずれにしろ設計者や構造設計者の案を、「お客様に喜ばれる形にする」には、少なくとも図面や設計プランの問題点を指摘する能力を営業マンが身につけなければなりません。

会社側の視点に立てば、設計や建設の専門的な能力を学んだ人間を、営業のエキスパートとして育てられるなら理想でしょう。しかし設計や建設を学んだ人間が、「営業をやりたい」と志望するようなケースは少なくなります。

それに会社側に任せているのでは、いつまでも現実のプレゼンは変わりません。やはり営業マン1人ひとりが、もっと建設の知識を身につける努力をしていくしかないでしょう。

実際、営業マンの中には、細かい話まではムリとして、「こういうことを聞かれるだろう」という予測をして、建設の知識を詰め込んでくる営業マンは案外といます。するとお客様の立場を理解し、設計者との間で臨機応変な提案をするから、成功率もずっと高くなるはずです。

設計の専門的な知識を身につけるのは難しいのではないか、と思うかもしれません。でも、たとえば1級建築士の知識を考えれば、施工管理技士の知識があれば十分に取れます。

ということは文系の人間であっても、1級建築士の資格を取るくらいの知識は、その気になれば身につけられるのです。実際、インテリアコーディネーターの資格がとれないのに、１級建築士の資格がとれたという人もいるくらい。しかも１級建築士を持っていれば完全に「専門家」と見なされますから、敷居が低く有利になる資格でもあります。

じつは私のところにいた社員にも、根っからの文系なのに、建築を面白いと思って本格的な勉強を始めた男性がいます。彼は経理として電気工事会社に入り、設計に面白みを感じ、その後はニューヨークの設計事務所で学び、日本で設計事務所を立ち上げました。

そもそも文系出身者の人であっても、まったく建築の世界に興味がなかったら、建設会社に入ることはなかったでしょう。曖昧でも「建物が好き」とか、建設会社の仕事を面白く思っているのであれば、知識を身につけるのはさほど苦ではないと思います。

本書を機に、あらためて勉強を始めてみてはいかがでしょうか？

設計図を一目見ただけで10億円のコストダウンができた例

設計の知識を身につけることで、実際に営業がどんな提案をできるでしょう？

たとえば私が携わっている工場です。数年前に九州につくった工場と同じ規模の工場を、新しく千葉につくりたいという話がしました。

そこで前に工場を建てた会社に連絡をして、見積りを立てたのですが、お客様はそれで驚かれてしまったわけです。

「なんでこんなに高いんだ！」

「同じ規模で、同じ資材でいいと言ったのに、間違っているんじゃないか？」

営業に思わずクレームを入れようかという話になりました。

もし営業に構造や積算の知識があれば、理由はすぐにわかるでしょう。同じ資材であっても、場所によって単価の違いがあれば、運搬費用の差もあります。おまけに数年の時間差があったとき、材質を見れば、すぐに「これの値段は高くなっているな」という予測は立てられるはずです。

もしコンペであれば、高くなった資材を避けて価格を下げるような構造設計を相談することもできます。

それができなければ、今度は図面からコストを下げる提案ができないか考えます。方法はありえないでしょうか？

実際に設計について詳しい知識がなかったとしても、図面の見方さえわかれば、すぐに思いつけるような提案はあります。

たとえば以前にあったのは、工場と事務所を別棟にしていたケース。「なぜ離しているんですか？」と聞けば、「前の工場がそうだから」という答えです。

「工場の上に事務所をつくるわけにはいかないんですか？」

「別にそれは構わないのですが……」

積算すると、それで10億円近いコストダウンができました。こんなふうに大した理由もなく、前例に踏襲するような形で設計が行なわれるケースは案外と多いのです。設計図がちゃんと読めれば、こうしたお客様よりの提案は、営業のほうからすぐにできることでしょう。

お客様の言葉を、そのまま受け取ってしまってはいけない

設計者も構造設計者も、お客様の要望を掘り下げることなく、言われるままに図面を描いてしまう傾向があります。

2章でも述べましたが、「広い」とか「高い」ということに関して、一般の人はあまり数値としてとらえていません。

だからお客様が「広いスペースが欲しい」といえば、設計者は敷地面積を見て、「建てられる範囲の広い建物を」と考えます。

「全体の敷地面積を使えば、２００平方メートルまでの広さが可能です」

しかし事務所などで、「余裕のある広さ」というのは、一般的には1人当たり６平方メートルと言われているのです。ここでお客様の情報を確認すると、「従業員10人だった」としたら、一体どういうことになってしまうでしょう？

あまりに広すぎて、ガラーンとした殺風景な職場が出来上がってしまうかもしれませんね。

10人の従業員にとって広いスペースということなら、先の基準で60平方メートルがあれば十分です。

すると１４０平方メートルの余裕ができるわけですから、この部分は貸しスペースにしたり、あるいは先の例と逆で別棟に建物をつくって残りを広場のように使うことだってできるわけです。お客様に提案できるオプションも、かなり広がってくるでしょう。

「トイレの数はどれくらいがいいですか?」と聞けば、お客様はたいてい「多いほうがいい」と言います。

しかし一般的に必要な数というのは、10人当たり1台くらい。多くつくり過ぎてもムダになるだけです。ならばその分のスペースをもっと効果的に使うべきでしょう。

「天井は高いほうがいい」
「廊下は広いほうがいい」
「会議室は広いほうがいい」

お客様は様々な要望を出しますが、その多くは感覚的なものです。

これをそのまま設計者に持っていけば、「要望どおりで最善のものを」と、図面とだけ向かい合ってアイデアを考えてしまいます。

だからこそお客様とコミュニケーションをとる営業が、設計の視点を持って、お客様の要望を掘り下げることが必要なのです。

「お客様の要望する広さはこれくらいだろう」

「お客様はむしろこういうことを望んでいるようだ」

これらを設計者に論理的に伝えれば、皆、納得して、お客様の要望に則したアイデアを考えるのです。

営業がそんな橋渡しをするには、やはり「お客様側の視点」と「設計者の視点」の両方を持てなければなりません。

いま設計事務所に求められる営業マンとは？

プレゼンのときにお客様の要望を叶えるようなチームをつくりにくいのは、建設業界そのものの体質的な問題もあります。

とくに設計を、外部の事務所に任せるような場合です。

「一営業マンの立場で、建築家を名乗っている先生にもの申すことなどできないのではないか」

「すると、お客様の要望を設計者に反映してもらうことは、難しいのではないか……」

そう感じる方も多いでしょう。

さらに加えると、設計事務所と建設会社が上のほうで密接につながっていて、最初から設計ありきの提案しかできないようなケースも現実にあります。

実際、私もそんな案件に出会うことはあるのです。

建設会社と施工会社と設計事務所が皆つながっていて、出てくる見積りも高すぎる。けれどもつながっているから、「設計事務所を変えてほしい」と言うわけにもいかない。仮に外してしまうと、施工業者も仕事を降りてしまうことが考えられるわけです。

もちろんこれがコンペであれば、お客様側からすれば、「そんな会社に頼まない」ということで、解決してしまう問題ではあります。

ただ、会社に属している営業としては、「それでは困る」ということになるでしょう。それでもお客様の要望を聞きながら、なんとか折り合いのつく提案ができるように努力しなければなりません。

建設会社が利益優先で、お客様の要望を叶えることを軽んじてきたのは、やはり公共工事が2〜4割という恵まれた環境にあったことが理由になっています。

何だかんだで利益は保証されているから、予算にしろ納期にしろ、「うちはこれしかできません」と発注者の要望を突っぱねるような仕事のとり方をする余裕があったわけです。

しかし、そうした環境は、徐々に変わりつつあります。

たとえば大手企業の案件を考えれば、すでに工場建設などは、グローバルな環境に変わっています。舞台が海外であれば、そこでは業者同士のつながりなどは、まったく考慮されません。

純粋に金額と品質で、「ここは切ってしまいましょう」「これができないなら、別の業者に変えましょう」ということを、海外のクライアントは平気で要求するわけです。

これは日本企業の海外支店でも同じ。場所がアジアであっても同じです。

現在、ベトナムに進出した日本企業のお客様の仕事もしていますが、建設のコンペをすれば、日本の会社とベトナムの会社が入ってきます。ベトナム人に対してはベトナム風のプレゼンが必要になりますから、必ず日本のゼネコン企業が勝てるとは限りません。

それくらいシビアなグローバル環境が、建設業界にもやってきているということなのです。

むしろそんな環境の変化を、いち早く察知しているのは、ゼネコンよりも設計事務所のほうかもしれません。

だから設計事務所の建築家にも、いままでの枠を外し、お客様の要望を聞くソリューション型の提案をしようとしているところは増えてきている気がします。

そこで建設会社の営業マンが、建設の知識をより身につけ、お客様の要望を汲み取って設計事務所に提案することができれば、確実に歓迎されるでしょう。コンペに勝つ可能性を上げ、建設側にも設計側にも利益を生じさせるのですから、これは当然のことです。

いま求められているのは、そんな営業マンなのです。

「うちの古い体質ではムリだ」などと、まったくあきらめる必要はないと思います。

女性の力こそ建設会社は営業で活用すべき

建設会社の体質的な問題を紹介しましたが、もう1つここで述べておきたいのは、とくにお客様と設計者の間に立つ営業に、私はもっと女性を活用すべきだと考えているのです。

お客様への説明役になるプレゼンのファシリテーターを考えれば、女性の丁寧さや、表現の巧みさは、強みになる部分でしょう。

もちろん女性にも様々な個性の持ち主がいますから、一律に決めつけることはできません。ただ、東京オリンピックのプレゼンでの滝川クリステルさんを思い浮かべれば、能力のある女性にプレゼンの主導をさせれば、コンペの際にどれだけ強い力になるかは想像できます。

お客様にわかりやすく説明する。気難しい設計者に要望を聞いてもらう。

これらもやはり、女性の強さが生かせる部門。

専門家集団やゼネコンのネームに構えてしまうお客様も、相手が女性担当者であれば、本音の要望を言いやすいでしょう。

しかしながら建設業界は他のどんな業界と比べても、極めて女性の進出が遅れているのが現実です。本書をお読みの方にどれくらい女性の方がいらっしゃるかわかりませんが、男社会に混じって思うような仕事が実現できず、不満を抱えている方も多いと思います。

建設の仕事に女子が向かないかといえば、そんなことはないでしょう。力仕事はともかくとして、現に設計のレベルでは素晴らしい女性の建築家が活躍しているのです。国立競技場こそ白紙に戻ってしまいましたが、世界的に功績を残しているイラク出身の故ザハ・ハディッドさんのほか、日本にも妹島和世さんという、素晴らしい建築家の先生がいらっしゃいます。

ただ、近年では理系の学問を学ぶ「リケ女」や、工事現場で働く「土木系女子」なども話題になっていますが、それでも工学部にいって建築を学ぶ女性というのは、全体のうち、ごく少数でしょう。

建設会社で雇う女性社員も多くは事務職となり、会社の戦力として女性力を活用しようとしているゼネコンがどれくらいあるかも、やはり疑問です。

しかし、建設業界でこれから必要なのは、むしろ営業のエキスパートなのです。

建設の知識は別として、民間からの仕事を多くとっていくために、むしろ建設会社はコミュニケーション能力やファシリテーション能力に長けた人間を育てていくべきだと思います。

それに関して決して男性の力が劣っているとは言いませんが、女性の力を生かしていく企業がこれから売上を上げていく必要があるのは確かなことでしょう。

「女性の気持ち」がわからなければ、コンペにも勝てない⁉

建設業界における女性の活躍に私が期待するのは、クライアント側のほうで活躍する女性たちを見ていることもあります。

ＡＧＥＣは倉庫や工場の建設に携わることが多く、お客様には製造業の会社が多くなります。ということは建設と同じ、技術系の会社が中心になります。

しかし、そんな製造業界ではもう、執行役員にまで出世している女性の方は珍しくないのです。

そして建設会社を募るコンペにおいては、どの案にするかを決めるメンバーに女性が入ることも、すでに珍しいことではなくなっています。

女性が建設の良し悪しを決めるということを、果たしていままでのプレゼンにおいて意識したことがあったでしょうか?

建てるものがオフィスでも、工場でも倉庫でも、現実に働く人には女性も多くなります。

とくに工場や倉庫となると、現在は働き手の多くをパートの主婦層にゆだねているわけです。女性たちに不人気だと、働き手が集まらないどころか、会社の評判にも傷をつけてしまいます。

そして現実に、女性視点を欠いてしまったばかりに、後々で問題が起こることは多くありました。たとえば女性用のトイレが少なかったり、あるいは更衣室が使いにくかったり……。男性ばかりで設計の良し悪しを議論していれば、当然のようにこうした問題は起こるでしょう。

ですから女性意見を新しく建てる施設に反映させるのは、コンプライアンス的に見ても正しいのです。お客様がそうした心構えで臨んでいる以上、提案する建設側のほうでも、本当はもっと女性視点を重視しなければなりません。

家を建てる場合、お客様は夫婦であることが多く、どこの家庭でも夫よりも妻のほうが、総じて決裁権を持っているものです。だからハウスメーカーさんは、「女性をどうすれば説得できるか」という営業をずっと研究してきました。

それは単純に「女性の心をくすぐる」といった話ではありません。男性が「デザインがいい」とか「広々としている」といった表面的な部分に魅力を感じるのに対し、女性の多くは「キッチンが使いやすいか」とか「子どもはどう使うだろう」というユーザーの視点で、主観的に出来上がりのことを考えます。

対象が「会社の建物」になったとしても、この傾向は変わりません。

というのも、お客様の会社側で男性の担当者ばかりだと、皆どこかに「これなら社長が納得するだろう」とか、「予算と納期さえ守ってもらえばいいや」という感覚があるわけです。「所詮は会社がつくるもの」で、工場や倉庫であれば、自分が使うことすらないかもしれない。気持ちが入らないのは、事実として仕方ないでしょう。

しかし女性が入ると、仮に自分が使わないとしても、「これでは不便だ」「もっと使いやすくしてほしい」と、やはりユーザー感覚で考えます。

ですから「わかりやすいプレゼン」も「お客様に合わせた柔軟さ」も、より強く求められるのです。

ハウスメーカー出身の建設会社が民間会社へのプレゼンに強いのも、こうした「難しいお客様」に対処してきた経験が大きいのだと思います。

建設会社としては、やはり営業にもっと女性視点を取り入れ、提案を細やかにしていくことから始めるべきでしょう。

女性が営業で強みを発揮するのに対し、設計や技術に対しては、やはり専門的な立場から男性が語ったほうが、現状では説得力もあります。そうした役割分担ができれば、建設会社のプレゼンももっと効果的にできるようになるはずです。

第5章

営業は現場から始まる
〜プレゼン以外でいかに営業マンは仕事をとるか

現場監督は最高の営業マン

最後の本章では、「プレゼン以外でどのように仕事をとるか」という、建設会社の営業について考えていきます。

プレゼン以外でお客様から新しい仕事をとる。この点に関して現状の建設業界では、ほとんど営業部の人間が活躍していません。代わりに活躍しているのは、現場を任される現場監督になるのではないでしょうか。

現状の「営業ができていない建設会社の営業マン」は、こうした「現場監督の営業術」を仕事に取り込んでいく必要があります。ただ会社としては、現場監督の営業力を強化するのも、売上を伸ばしていくための方法には違いありません。

そこでまず「現場監督の営業」とは、どんなものか考えてみましょう。

現場監督の中にも、もちろん営業役を上手にやる人もいれば、まったく無頓着な人もいます。

すでに述べたように、私はゼネコン時代、営業に熱心な現場所長でした。現場を担当すると、必然的にお客様と接触する機会は多くなります。そんな機会に情報を収集し、営業に声をかけ、次の仕事につなげることを試みてきたわけです。

実際にそんなふうに、現場でお客様とかかわることで良好な人間関係をつくり、リピートに続けていく現場担当者は大勢います。

もちろん、仕事としてはそんな義務はありません。現場監督者は、原則として設計図どおり、品質を落とさず、それでいてコストもかけず、納期どおりに仕上げるのが使命ですから、別にお客様と接する必要などないわけです。

当然ながら、ただ黙々と工事を進めるような現場監督も、業界には大勢いることでしょう。

ただ、プレゼンのときも説明したように、お客様は最初から設計全体を理解して、建設会社を選べるわけではありません。建設が始まってみれば、「それはちょっとイメージと違う」とか、「ここは変更してほしい」といった要望は頻繁に起こるわけです。

これに対し、「設計図に書いてあるんだから無理です」とか、「納期に遅れてしまいます」とか、「それではコストがオーバーしますから」と、お客様の要望を突っぱねる現場監督もいます。

でも、それではお客様は、「こんな会社に頼むんじゃなかった」と後悔することにもなりかねないのです。それではまったく本末転倒でしょう。

優秀な現場監督は、そこでやりくりをするわけです。

「では、ここの工事はしましょう。その代わり、コストがかかるぶん、こっちのグレードを落としますが、構いませんか？」

工期などは、うまくつじつま合わせをすることも多くあります。

当然、これはお客様に感謝されることになります。だから「あなたとまた仕事がしたいね」ということになり、「次の仕事もお願いしたい」という営業につながるわけです。

「オレはつくるだけだ」とか、「設計の変更は私の管轄ではない」などと、四角四面に仕事をとらえていたら、そんなふうにお客様に要望に応えることはできません。

これは会社組織のセクションと関係なく、現場そのものを重視する立場から、監督の意向でできることです。現場に立ったら、それこそ現場監督がリーダーそのもので、経営者と同じ感覚です。だから自分の考えで行動を起こします。

じつは建設会社の営業に必要なのも、こうした現場感覚の対応なのです。

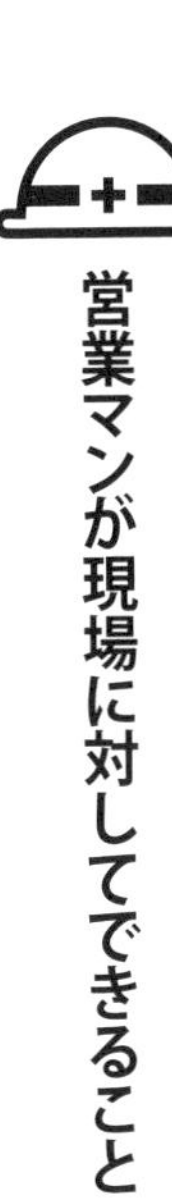

営業マンが現場に対してできること

現場監督者は、工事の間、お客様とずっと関わっているのだから、親密なケアができるのも当然だ。営業はそうもいかない……と考える方もいるでしょう。

しかし、はたして工事期間の間、お客様のケアをすることは不可能でしょうか？ 実際、プレゼンのサポートをするだけの私どもの会社ですら、工事期間も「どんな感じですか？」と確認をしたり、ときにはお客様が現場を訪ねるときに合わせて、一緒に視察に行くことはあります。

ところが営業マンの多くは、仕事をとって、現場に渡したら、「ハイ終わり」で、いったいどこへ行ったんだと疑問に思われるくらい。お客様によっては、「あの人、なんて名前でしたっけ」と言われるくらい、忘れられていることもあるのです。

一般的にはコンペの際、お客様は営業マンに仕事を依頼し、チームを引き連れてプレゼンをしてもらいます。そして、「では、あなたのところに決めましょう」と、営業マンにお願いするのです。

その当の営業マンが、工事が始まったら完全に消えてしまうというのは、普通の人間関係を考えれば不自然なようにも思えます。

確かに工事が始まってしまえば、現場監督者は常に、お客様がお金を出している現場に貼り付くことになるわけです。そっちは任せてしまい、自分は新しい仕事を取りに行ったほうが効率的ではないか、という声はあるでしょう。

ただ後にも言うように、多くの建設会社の営業マンは、飛び込み営業をするわけでもありません。多くの時間は、別に本来なら営業をかけなくてもいい、会社ぐるみで古くから付き合っているお客様に割かれています。

ゼネコンにいた時代、私は1年半くらい、内勤の仕事についたことがありました。そのときビックリしたのは、昼間、営業部が人で一杯だったこと。

「営業には行かないのかな?」と思うとそうでなく、みんな夜になって接待の営業に行くわけです。それこそ非効率このうえないと思っていました。

もちろん現在は、当時と事情も変わっているでしょう。

しかし現場が始まったお客様というのは、建設会社の仕事に対し、一番注視しているべきなのです。そこで現場監督のフォローをすることは、はたしてムダなことなのでしょうか。むしろ会社の評判を上げる絶好のチャンスだと、私は思うのです。

これは別に、毎日のようにお客様のところに顔を出せ、といったことを述べているのではありません。

たとえば台風や大雨のとき、工事が休みでも現場監督は様子を見にきて、シートを点検したり、土嚢を積んだりというケアをするでしょう。お客様も心配で現場に来ることがありますが、そのとき現場監督が詰めているのを見れば安心するものです。

一方でそんなとき、営業担当者は何もしない。事後に連絡しない人も、案外といます。本当は現場監督者に様子を聞き、お客様に一報を入れるようなことをすれば、お客様に心配させるようなこともないでしょう。

いまはメールもあれば、ＳＮＳもある。絶えず現場と連絡をとり、お客様にそれを伝えることなど、実際は会社内にいたってできることです。

そんな簡単なことすら、営業マンが怠っている……。これでは会社としての評判が落ちてしまっても仕方がないとさえ、私には思えてしまいます。

「営業ワンストップ」のプロジェクトチームで現場を動かす

現場での工事が始まっているのに営業マンが出しゃばるのは、お客様に対する主導権を、現場監督から奪ってしまうことになるのでは？

その通りですが、私の考えでは、まさに「営業はそうなるべき」と思っているのです。

実際、民間工事ではゼネコンを超えた受注を誇る某大手ハウスメーカーさんでは、そんなふうに営業マンが「お客様担当者」として、ずっと関わり続けています。

頻繁に現場に出入りしているし、お客様のほうに何か要望があれば、当然のように担当の営業マンにまず相談する。それから営業マンが現場監督に相談したり、場合によっては上司の承諾を得て、設計を一部変更するようなことまでします。

つまりプレゼンのみでなく、始まりから終わりまで、建設のプロジェクトリーダーになるのは、あくまで営業の社員。お客様との窓口として営業が相談を聞き、あらゆる判断は営業がして、技術のチームを動かしていくのです。

いわば営業を起点とした、ワンストップ型で仕事をしているわけです。

某大手ハウスメーカーさんの場合、このワンストップ型はさらに徹底していて、まるで営業マン1人ひとりが、個人事業主のような働き方をしています。

たとえば大阪支店でお客様を担当していた営業マンが、そのお客様から新潟の工場もお願いできないかと頼まれたとしましょう。多くのゼネコンであれば、その依頼は新潟のほうに行き、そちらの営業所の管轄で行なう形になるでしょう。

ところがこの会社では、これも受注した営業マン個人の仕事。やはりお客様の窓口になるのは大阪の営業マンであり、新潟の管轄で仕事が行なわれるようになります。

建てるものが倉庫であっても、工場であっても、商業施設であっても、ホテルであっても同じ。建設する人間は専門領域に合わせて変わるのでしょうが、率いる営業マンは一貫して「自分の仕事」としてこれらを受けるのです。

つまりその都度、営業マンがプロデューサーとしてチームをつくり、1つの工事を完遂させるわけです。だからどんな建物でも、営業マンは「自分が建てた物件」という感覚を持っています。

そうなるとモチベーションも上がりますし、給料にも多少は影響するのでしょう。「仕事をどんどん取っていこう」という気持ちになりますし、次につなげるため「お客様にできるだけのことをしよう」という意識も高まっていくはずです。


建設会社であれば、こんな営業中心の仕事を、特別に感じるでしょう。

しかしよくよく考えれば、生命保険の営業マンというのはお客様のもとに足しげく通い、個人年金や自動車保険まで面倒を見たりします。自動車のディーラーにも、お客様からの紹介で、営業所の枠を超えた遠くのお客様をお得意様にしている人は多いでしょう。

むしろワンストップでお客様の御用聞きになってサービスするほうが、現代の営業では主流なのかもしれません。

お客様とは一生モノで付き合っていく

ワンステップで営業するということは、1人の営業が担当するお客様の窓口となり、ビジネス関係が続く限り、一生モノで相手と付き合っていくということです。

基本的に住宅会社の営業マンというのは、お客様にそうした姿勢で臨みます。

たとえば「水漏れしました」などということがあれば、真っ先にお客様は担当してくれた営業マンに連絡しますし、それに応じて営業マンは修理の手配をするでしょう。「リフォームをしたい」といえば、自社かあるいは関連会社に相談して、見積りをとったりするわけです。

基本、住宅というのは、1人の人間が一生で1回以上は建てないもの。だからお客様とずっと関わるのは非効率にも見えます。

けれども知り合いが家を建てるときに自社を紹介してもらったり、あるいはお子さん世代が家を建てるときにもまた仕事を任せられるようにと、長い未来を見据えて会社とお客様の関係を築こうと考えているのでしょう。

それに比べれば、建設会社が受ける仕事は、もっと目に見える連続性のあるものです。関西に支店をつくった会社は、その勢いで半年後には九州に支店をつくるかもしれない。北陸に工場をつくった会社は、来年には中国に進出するかもしれません。

すると本来は、住宅以上にお客様と密に連絡をとり、その次の仕事、その次の仕事を…と、営業をかけてもいいくらいなのです。

それならコンペもプレゼンも、必要なくなります。

ところが建設会社の営業は、いつも〝1回きり〟という営業スタンスで、地域や建設対象が変われば自分の仕事とも考えません。お客様はそのたびごとに、仕事を仕切り直さなければならないわけです。

これでは、「次も頼もうかな」という気にはなりませんね。

ここまで述べてきたように、建設のお客様は常に「この世にまだ存在しないもの」を買うのであり、出来合いの商品を「これをくれ」と買うわけではありません。

この世にまだ存在していない商品を、みんなで一緒に知恵を出し合って、つくっていかなければならないわけです。

私もお客様の依頼で工事をしたあと、再び担当営業さんに相談することがありますが、「また仕事をお願いできないかと思っているんです」などと言えば、「東京の本社に連絡してみてください」などと突き放されてしまうこともあるわけです。

これでは私でも、「本当に大丈夫？」という気持ちになってしまいます。お客様も同じでしょう。

どんな仕事でビジネスパートナーを選ぶ場合も同じですが、やはり気持ちの入っていない会社には、頼みたくないと思います。

お客様は10億円、20億円の建物を、一大プロジェクトとしてやろうとしているのです。建設会社もそれに対応するくらいの会社態勢を整え、営業マンがしっかり対応できるように体質変換を図るべきでしょう。

検針や点検こそ、営業マンにとってはチャンス到来！

具体的にお客様との関係を長期的にしていくために、まず建設会社が営業マンが積極的にやってほしいことは、アフターマーケティングです。

1つの仕事が終わったあと、皆さんはどれくらい、あとのフォローを考えるでしょうか？

建てた側にとっては仕事の終わりでも、発注者にとっては建ててからが本番であるわけです。

工場であればそこで製造が始まり、倉庫であればそこで物流が始まる。オフィスが入っていれば、従業員がつくった建物に通うようになってきます。いわば「建物」という商品がいよいよ活動を開始し、お金を生む時間が、ここからスタートするわけです。

発注者はその建物に、前もって多額の投資をしています。ということは、不具合があって、活動が止まってしまったら一大事。建設会社の真価が問われるのは、このときからと言っても過言ではありません。

ところが建物という商品は、工業製品と違って、完璧なものなどありえないのです。使い始めれば、必ずどこかに問題は起こります。

逆に言うと、起こる不具合をフォローしていくことで、建物は時間をかけて育っていくものなのです。それを現在の建設業界では、多くが系列の現場管理会社などに任せ、生み出したはものの、育てることに一切関与しなくなっています。ここをやはり変えていくべきではないでしょうか。

アフターフォローの形としては、具体的には定例の検針であったり、検査であったりでしょう。管理会社に任せきりのところもあれば、まったく検針をしない建設会社も世にはあります。

これが自動車のディーラーであれば、購入してから数年が経ち、車検の時期になれば必ず担当の営業から「こちらで車検をしましょう」という連絡が入ります。そこで車をもっていき、見積りなどをとっている間に、お客様は「これがうちの新しい車なんです」とパンフレットを見せられたりするわけです。

「これは格好いいですね」

「次回の車検時に余裕があれば、考えようかな」

そんなふうにアフターマーケティングは、新しい営業をする絶好の機会でもあるのです。その機会を建設会社の営業マンが効果的に活用していないのは、「もったいない」とすら思えてしまいます。

もちろん、そんなふうにアフターマーケティングをすることが業務になっていないから、会社の仕事としてやりにくいという現状はあるかもしれません。

「この前のお客様のところに行ってきます」と言えば、会社によっては上司から「何しにく行くんだ」と尋ねられてしまうところもあるでしょう。

しかし「お客様がこういう要件で尋ねていらっしゃるんです」といえば、具体的な営業にもつながる話ですから、それを妨害する会社というのは少ないと思います。

その「お客様が尋ねてくださる」までは、メールやハガキなどで、密にコミュニケーションをとっていけばいいのです。そうすればお客様は、「しっかり関係が保たれている」ということを認識し、何かあれば頼ってくれるようになるでしょう。

定期検査など、多くの会社では2年までタダでやることが多くなっているようです。でも、場合によっては、次につながる布石として、補修を営業のほうでフォローしてあげる・・・。

そんなのはムリだと思うかもしれませんが、私は補修費を営業経費に含めてしまえばいいと思っているのです。そうすれば要望に合わせていくらでもお客様のところに顔を出せるし、補修のついでに情報収集をしたり、新規の営業をかけたりもできるはずです。

こんなふうに臨機応変に動けば、お客様は喜んでくれるし、確実に売上にもつながります。

少なくとも接待に時間や費用をかけるより、よっぽど効率的な営業ができるでしょう。

営業こそ、現場の定例会を活用する

すでに述べたように、私はお客様の現場で行なわれる定例会にも、毎回のように出席しています。

私の会社だけでなく、ハウスメーカーなどには現場の打ち合せの際、営業所の所長と担当の営業マンと設計者がちゃんと来るところもあります。この方針には共感しました。

毎回のように定例会に参加すると、お客様と仲良くなったり、情報を聞き出すことができるだけではありません。

そこで行なわれる話し合いによって、営業マンの知識レベルもグンと上がるわけです。実際、設計のことも構造のことも、現場で起こることや申請関係まで、大和ハウス工業の3、4年目の営業マンは、非常によく押さえています。営業マンが建築の知識を身につけるには、確かに現場での打ち合せは絶好の機会になるでしょう。

ただ、黙って話を聞いているだけであれば、いくら定例会に出ても、お客様からの信頼は得られません。

いまの建設会社の営業マンの、一番の問題は、自分のほうからお客様の要望を叶えてあげる積極性に欠けること。単にお客様を、技術者につなぐだけの存在になってしまっています。

たとえば定例会に出れば、お客様からいろいろな要望が出てくるでしょう。その聞き手になるのは現状、現場監督ということになりますが、その要望の聞き方は、監督のタイプによって様々でしょう。

先に述べたように、現場監督の中には営業感覚に長けた人間がいます。そういう人物であればうまく調整をしてお客様の要望を実現させますから、任せておけば安心かもしれません。

しかし中には四角四面に、「設計で決まっていることなので、希望には応えられません」と対処してくれない現場監督もいます。

そんな場合に営業マンが仲介に入り、ときにはお客様の代行者になって、なんとか現場監督に無理をしてもらうことができないか・・・?

立場が弱いとは言いますが、そうしたフォローをこそ、お客様は望んでいるわけです。それにいくら現場監督が渋い顔をしても、結果的にお客様が喜び、次の仕事につながっていくのであれば、会社にとってもプラスになります。

普段のお客様との関わりにおいても、同じなのです。

お客様から何らかの要望を言われる。それは「お願い」かもしれないし、「クレーム」かもしれません。

そんなお客様の要望をすぐにくみ取り、会社の中で調整を行ない、すみやかに現場の監督に対処するようにしてもらうことができるか……。

それができないのであれば、いくら工事中や工事が終わったあとで営業マンがお客様の周りをうろついたとしても、結局はいないも同然。

つまり、お客様からの信頼は接触頻度で得られるわけでなく、「どれだけ自分のために行動してくれたか」という、貢献度がカギになってくるのです。

なのに現状では、建設会社の営業マンに何かを頼んでも、「持ち帰ります」「上と相談します」と言うだけで、スピード感がまったくありません。これではお客様が任す気になれないのも当然でしょう。

現場監督に営業がどう渡り合うか

営業が先頭に立ってワンストップで仕事をするには、現場を動かせるだけの力を持てなければいけません。現場にまったく関わらず、すべてを現場監督に任せている現状では、それを行なうのは難しいでしょう。

現場監督というのは、述べたように会社では一番期待される立場にいる人々です。建設の知識を身につけ、いくつもの現場に出て、やがては所長となり、会社の役員になることを期待される。多くのゼネコンでも、経営者になる方は、やはり現場監督者ということが多くなっています。

だからといって、現場監督を営業がコントロールできないということはありません。これは、設計者を営業マンがコントロールするのと同じ。何より営業マンが最低限の建築の知識を身につけ、技術者に対して論理的に説得できるようになることが第一でしょう。

ただ、設計者の場合と違うのは、現場監督と話をする際には、机上の知識だけでなく、現場のことを理解しなければならないということです。


実際、現場ではプレゼン時に想定しなかった、ありとあらゆることが起こりえます。設計者が描いた図面どおりにできない部分が生じるかもしれないし、下請け会社や近隣の人々の間でトラブルが起こるかもしれない。述べたようにお客様の側で変更が生じることもあれば、自然災害などによって遅れが生じる可能性もあるわけです。

私もかつて、現場監督を経験してきました。

建築部で現場を任されるのは、多くは理工学部で勉強をしてきた人たち。ゼネコンであれば、東大卒だったり、東工大卒や有名私大卒だったりという、いわゆるエリートでしょう。

そんな人々が地方の現場に行けば、今度は地元の業者さんを使うことになります。

それはもう一般の人種でなく、元暴走族でいつ暴れだすかわからないといった、少々、普通の人がつき合いにくい人種の人たちが大勢いたりするわけです。

文句を平気でガンガン言ってくるし、契約にないことでも「追加をくれ」とか、脅してきたりすることもあります。

こんな人々をなだめすかし、1つの工事を無事終了させるようなケースも、現場では存在するわけです。

ドロップアウトする人も多いのですが、それを越えてきたのが、現場監督として成功した社員なのです。それだけの叩き上げ経験を持っているからこそ、経営陣には「会社をいずれ任せるべき存在」として期待されるのでしょう。

営業マンが現場監督の人間と接するとき、理解しなければならないのは、彼らがこうしたあらゆる問題に対処しながら、1つの工事を遂行させているということです。

現場監督から言わせれば、営業マンというのは〝現場のことが何もわかっていないヤツ〟に違いありません。だから彼らが建設に対し、「難しい」と言うなら難しいし、「大変だ」と言うなら大変なのです。専門家でない営業マンは、建設する監督側の意見を正しく認識しなければなりません。

しかしながら、その建設にお金を出し、現場のオーナーになっているのは、あくまでお客様なのです。

つまり営業マンがお客様の要望を聞き、それを現場監督に伝えるのは、「オーナー側の意向を検討してもらう」ということ。原則、現場監督も、それを拒否することはできません。

それでも「できない」と言うならば、お客様の要望にできるだけ応える形で、一体どのようなことならばできるのか?

ここからの交渉が、まさに営業マンの手腕ということになるのです。優秀な現場監督が上手にやっていることを、営業マンが主導してやっていく、ということですね。

現場監督のほうには、お客様の事情を伝え、できるだけの調整をしてもらう。現場監督の側に「これは無理」ということがあれば、客観的な立場でそれをお客様にも伝え、妥協案を提示する……。

真摯な姿勢で、両者に対して誠実に接していかないと、こうした調整はできません。また建築への理解と、現場への理解がなければ、単なるメッセンジャー役にもなってしまいます。そのためにはお客様のもとへ足を運ぶのと同様に、現場にも何度も通う必要があるでしょう。

決して簡単ではありませんが、こうした労力の投資があって、はじめて営業ワンストップで現場を動かすことが可能になるのです。

建設会社はもっと「飛び込み営業」をするべき

建設会社の営業に、私がもう1つ提案したいことは、「飛び込み営業をする」ということです。

そんなことを言うと、嫌がる人も多いでしょう。

会ったことのない相手のもとを訪ね、「○○社の者ですが。仕事はありませんか？」などと頭を下げまくるようなことは、決して気持ちのいいものではありません。現代のピンポイントが主流のマーケティングからすれば、何やら時代遅れにも思えます。

ところが建設会社の営業が飛び込み営業をすると、これが案外と功を奏することは多いのです。一体どうしてでしょうか？

それは「仕事をください」という営業をかけるのでなく、建設会社の場合は、「コンペに参加させてください」という形の営業がかけられるからです。

何十億円、何百億円の仕事を依頼するお客様です。誰もがより素晴らしい業者さんを見つけられるなら、それに越したことはないと考えているでしょう。

そこに、よく名前を聞くゼネコンの会社が「自分たちも案を提示したい」と言ってくれるなら、お客様側としては大歓迎です。まったく知名度のない会社だったとしても、「話を聞いてみようか」という気にはなるかもしれません。

実際、私もそんなふうに飛び込みできた建設会社と、仕事をさせていただく機会はあります。

たとえば数年前に、大学の建設に携わったときです。理事長さんを中心としたプロジェクトチームに、私がコンストラクション・マネジメントとして入ったのですが、コンペの候補企業のリストを見ると、珍しい会社が入っています。

「この建設会社は、誰か知り合いの関係で入っているのですか？」

「いや、そうでなく、この前うちに営業に来たんですよ。なら、やってもらおうと思って」

意欲的でいいかなと、それでは私のほうから要望を出し、コンペに参加してもらったのですが、なるほど、なかなか面白い提案を出してくれます。理事長もすっかりその会社の案が気に入り、最終的に大手ゼネコンを押しのけて、その会社に依頼することになったわけです。

私たちのようにコンストラクション・マネジメント業をしている人間にも、こうした機会は非常にありがたいものです。

というのも、うちは別に建設会社に仕事を斡旋するわけでなく、お客様の建設してほしい案件に対し、それに相応しい建設会社を選択してコンペへの参加を依頼します。ですから無名の会社であっても、ある特定の分野に優れた会社を知ることができれば、それに相応しい仕事が来たとき、声をかけることが多くなるわけです。

この大学建設に成功した会社でも、また私のほうに同じ類いの依頼が来たら、「コンペに参加しませんか?」と声をかけることになるでしょう。

自信をもって飛び込み営業をかけることによって、こんなふうに芋づる式に仕事が入るようになってくることも世の中にはあるのです。ムダなことなど何もありません。

飛び込みで仕事をとるために必要なこと

私がコンペに対する飛び込み営業を勧めるのは、民間会社の場合、これから建てるものに対しての情報というのが、なかなか世に出てこないからです。

これが公共機関の仕事であれば、公開公募というのが、一応は普通に行なわれます。しかし民間の工事の場合、私のような会社が関われば別ですが、以前から付き合いのある会社などが優先され、公開したときにはほぼ決まっているというパターンが多いのです。

だとしたら新規参入を目指し、思いきって名乗り出てみるのは、決して悪いアイデアではないでしょう。

飛び込み営業といっても、片っ端から周辺の企業に営業をかけろ、というわけではありません。

設備投資が活発な会社、元気のいい会社、いろんなプロジェクトに熱心な学校やその他の法人に、新しい社長が就いた会社や、新しい学長が就任した学校など、世の中の情報を追うだけでも「何か新しい建物を建てる需要があるのではないか？」という予想はできるはずです。

それに合わせ、自社に得意な技術や工法で貢献できる要素があれば、依頼する説得力も増すでしょう。孫子ではありませんが、「己」を知って、そのうえで「相手」を知るということが重要になります。

ハウスメーカーやマンション会社には、飛び込みでの営業に力を入れてきたところも多くあります。ゼネコンのように「飛び込みでは仕事がとれない」という固定観念もなく、たとえば土地の利用者に対する営業などをフットワークよくやってきました。そのノウハウを民間建設に生かし、売上を伸ばしている会社も存在します。

飛び込み営業は決して「力ワザ」ではなく、仕事をとるにはそれだけ、説得力となる知識を身につけなければなりません。

やり方も決して難しいものでなく、総務部に連絡をとって「工場建設などは、どこの部署でやっていますか?」と相談すればいいだけです。少なくとも名前のあるゼネコン企業であれば、むしろ丁重に扱われるでしょう。

少なくとも接待で仕事をとるよりは、ずっと合理的で、意義のある営業ができるはずです。

営業マン主導の新しい建設業へ

建設会社が営業をかける相手としては、私たちのようにお客様との間に立ってプロデュース的な仕事をしているところも、狙い目の1つにはなるのでしょう。

確かにコンペ企業を募る際、お客様に「どこか声をかけられるところはないか?」

とは必ず言われます。

そして実際、私たちが建設会社を選択し、話をもちかけることもありますから、「入れてくれ」と建設会社から言われることはよくあるのです。

ただ、原則としてＡＧＥＣでは、いくら頼まれても、建設会社との関係性によって参加メンバーに選ぶことはしていません。それでは過去の談合体質と変わらなくなります。

お客様からの要望もないので、この会社をコンペに参加させてほしいと提案すると、その会社とつながってるの？　と会社としての評判も悪くなってしまいます。

だから純粋に会社としての技術力を見たいし、お客様との関わり方を見ていきたいのです。そのために日々、どんな会社がどんな仕事をしているのかを研究していますし、実際に現場を観に行くこともあります。

いまや建設会社はそんなふうに、品質や姿勢で仕事を選ばれる時代になっていることを忘れてはいけません。

私の現在の仕事は「情報がすべて」という形になっていますが、やはりこの業界にいると、残念ながら悪い情報も入ってきます。建設会社にしろ、下請け会社にしろ、設計事務所にしろ、なかには「よくあんなところに頼むなあ」という物件にも遭遇するわけです。

世の中の状況を見れば、コンプライアンス違反や社員による不正はもちろん、組織体制に問題があって自殺者が出たような場合でも、厳しく消費者がその会社の姿勢を問う時代になっています。

まして建設というのは、お客様の投資額も莫大な金額であり、その投資に見合うだけのリターンを、お客様の側でも期待しているのです。

欠陥建築などは論外ですが、建設会社の側は、そうしたお客様の声にもっと敏感になる必要があります。

間違っていけないのは、建設会社というのは、「建物を建てる会社」ではありません。お客様の依頼で「建物を建てさせていただく会社」なのです。

ならばもっと真摯にお客様の声を聞き、「どうすればお客様をより喜ばせることができるだろうか」というサービス業の精神でものを考えなければなりません。

その先端に立つのはまさしく、サービスの担い手である、営業の社員にほかならないでしょう。

いままではサービス無視でも、建設業の仕事が成り立つ、公共事業中心の時代が続いてきました。だからゼネコンは技術開発だけ進め、下請け会社はそのゼネコンにぶらさがってさえいれば、なんとか経営が維持できていたかもしれません。

しかしそういう時代は、間違いなく変わりつつあります。

他のあらゆる業界と同じように、営業力としてのプレゼン力を鍛え、説明力や説得力を鍛え、受注力を鍛え、フットワークをよくしていかないと、厳しい競争下で生き残ってはいけません。

そんなふうに建設会社が新しいステージで、より一層の飛躍をするために、営業マンは自ら主体となって、仕事のやり方を変えていく姿勢が必要です。
本書はそのためにこそ、ぜひ活用していただきたいのです。

【著者略歴】

作本 義就（さくもと よしなり）

AGEC株式会社代表取締役。

1級建築士。1級建築施工管理技士。㈶住宅産業研修財団／大工育成塾講師。

大阪府立登美丘高校卒業後、大阪工業技術専門学校建築科に入学。卒業後、清水建設株式会社入社。現場管理担当から現場所長まで勤める。同社退社後に京都工芸繊維大学繊維学部デザイン経営工学科に編入、首席で卒業。2006年にAGEC株式会社を設立し、現在に至る。

2018年1月15日　第1刷発行

クライアント目線で考える！

建設業のための営業力＆プレゼン力向上術

©著　者　作本義就
発行者　脇坂康弘

発行所　株式会社 同友館
〒113-0033 東京都文京区本郷3-38-1
TEL.03(3813)3966
FAX.03(3818)2774
http://www.doyukan.co.jp/

落丁・乱丁本はお取り替えいたします。
西崎印刷／三美印刷／松村製本所
ISBN 978-4-496-05329-0
Printed in Japan